国家社会科学基金重大项目（21&ZD154）阶段性成果

浙江省海洋经济
监测预警体系及应用研究

张崇辉　张佳楠　/ 著

浙江工商大學出版社
ZHEJIANG GONGSHANG UNIVERSITY PRESS
· 杭州 ·

图书在版编目(CIP)数据

浙江省海洋经济监测预警体系及应用研究 / 张崇辉，张佳楠著. — 杭州：浙江工商大学出版社，2021.12

ISBN 978-7-5178-3658-2

Ⅰ. ①浙… Ⅱ. ①张… ②张… Ⅲ. ①海洋经济—经济统计—经济监测—研究—浙江 Ⅳ. ①P74

中国版本图书馆 CIP 数据核字(2019)第 286309 号

浙江省海洋经济监测预警体系及应用研究

ZHEJIANG SHENG HAIYANG JINGJI JIANCE YUJING TIXI JI YINGYONG YANJIU

张崇辉　张佳楠　著

出 品 人　鲍观明
策划编辑　王黎明
责任编辑　王　琼
责任校对　韩新严
封面设计　红羽文化
责任印制　包建辉
出版发行　浙江工商大学出版社
(杭州市教工路 198 号　邮政编码 310012)
(E-mail:zjgsupress@163.com)
(网址:http://www.zjgsupress.com)
电话:0571-88904980,88831806(传真)
排　　版　杭州朝曦图文设计有限公司
印　　刷　杭州宏雅印刷有限公司
开　　本　710mm×1000mm　1/16
印　　张　12.5
字　　数　205 千
版 印 次　2021 年 12 月第 1 版　2021 年 12 月第 1 次印刷
书　　号　ISBN 978-7-5178-3658-2
定　　价　58.00 元

目录 Contents

1

第一章　绪论

第一节　浙江省海洋经济的发展背景

海洋是人类的“第二疆土”，纵观人类发展历程，文明的萌芽和繁盛都与海洋息息相关。时至今日，海洋不仅是社会发展的物质基础、全球运输的主要交通载体以及沿海国家维系安全的国防屏障，也是世界各国参与国际竞争的战略要地。20 世纪 60 年代以来，随着全球人口的不断增长，陆地资源以及能源消耗加快，各个国家纷纷把目光投向海洋。在沿海各国向海洋寻求资源和财富的过程中，海洋产业及相关技术得到了前所未有的发展，从最初以渔业和运输业为主，到形成了贯穿以海洋及海洋资源为对象的社会生产、交换、分配和消费的全过程产业链。海洋产业分类逐渐细化，对其他产业的波及范围逐渐扩大，沿海国家的海洋经济产值在其国内生产总值中的比重逐渐提高，并逐步发展成为与陆地经济并列的一个独立的经济体系。

我国虽然是一个海洋大国，拥有丰富的海洋资源与辽阔的领海面积，但与国外发达的沿海国家相比，我国的海洋经济发展还处在初级阶段。为此，我国在“十二五”规划中提出要大力发展海洋经济，从此“经略海洋”成了我国的一项基本国策。为了进一步摸清海洋经济“家底”、在全国和全行业范围内确保海洋经济基础数据口径的一致性，进一步满足涉海统计、监测分析和评估预警的数据要求，加强海洋经济宏观调控的信息支撑，国务院于 2012 年 12 月 17 日，批准同意进行第一次全国海洋经济调查。党的十八大、十九大均对海洋经济的发展提出了重要战略部署。

浙江省作为重要的沿海地区，海洋资源十分丰富。浙江省海域面积达26万平方千米，海岸线和海岛岸线长6500千米，占全国海岸线总长的20.3%，面积500平方米以上的海岛有2878个。海岸线长度、500平方米以上的海岛数均居全国首位。作为习近平总书记海洋强国论述的萌发地之一，浙江省是海洋强省战略的先行示范区。在2011年2月国务院批复的《浙江海洋经济发展示范区规划》（以下简称《规划》）文件中，更是把建设好浙江海洋经济发展示范区上升为国家战略。这一举措不仅关系到我国实施海洋发展战略和完善区域发展总体战略的全局，还牵涉到浙江省海洋经济的长远发展。近年来，浙江省的战略实践逐渐产生了显著的社会经济效应，因此细致梳理浙江省推进海洋经济大省战略、全面推进海洋经济发展示范区战略等关键战略背景，是对浙江省海洋强省战略的深入总结分析，也是对浙江省争做海洋强省排头兵和建设海洋经济发展示范区的全面回顾。

一、浙江省海洋经济大省建设战略

依托丰富的海洋资源和“靠山吃山，靠海吃海”的发展思路，浙江省十分重视海洋经济的发展。虽然在20世纪80年代初就有了“大念山海经”的设想，但是真正意义上的海洋开发战略是在1993年和1998年2次全省海洋经济工作会议上提出的。特别是自《浙江省海洋开发规划纲要(1993—2010)》实施以来，浙江省海洋经济取得了较大的发展。2003年召开的全省海洋经济工作会议，总结了1998年海洋经济工作会议召开以来取得的成绩，按照省委十一届二次、四次全会和《全国海洋经济发展规划纲要》精神，部署当前和今后一个时期海洋经济工作，动员全省上下进一步提高认识，加快建设海洋经济大省。

自“海洋经济大省”战略目标提出以来，浙江省海洋经济综合实力明显增强，2002年全省海洋经济总产出约为1793亿元，比上年增长16.5%；增加值约为582亿元，比上年增长18.2%；海洋经济结构不断优化，海洋三次产业结构从1998年的52∶17∶31调整为2002年的21∶36∶43；海洋基础设施建设不断完善；海洋综合管理能力显著增强。这些成绩的取得为海洋经济大省的建设奠定了坚实的基础。

此后，浙江省海洋经济的发展步伐不断加快，海洋经济建设不断呈现出新的态势。特别是自2011年浙江规划成为中国第一个海洋经济发展示范区以来，浙江省果断抓住这一发展契机，全面动员、积极部署、认真落实，推动海洋经济发展示范区建设的各项工作平稳开展，取得了十分突出的成就。2016年，全省实现海洋生产总值6700亿元，较2010年增长77.5%，占全省地区生产总值的比重达14%以上，海洋产业结构布局日益合理，海洋经济重大项目建设快速推进，海洋科教支撑不断增强，海洋生态环境保护大大加强。海洋经济已经成为浙江省国民经济的重要组成部分，对全省经济发展的辐射拉动能力不断增强，海洋经济发展示范作用显现，为我国建设海洋经济强国发挥探索引领、先锋带头的作用。

党的十九大报告提出，要"坚持陆海统筹，加快建设海洋强国"，这高度概括了在中国特色社会主义进入新时代后海洋事业的新使命、新定位、新功能。浙江省始终紧随国家战略，不断更新发展理念，加快转型升级，在打造海洋经济大省方面努力做出新的探索。2017年召开的浙江省第十四次党代会指出，积极实施"5211"海洋强省行动，深入推进浙江海洋经济发展示范区和舟山群岛新区建设，统筹抓好海洋资源开发、海洋产业发展、海洋科技创新、海洋文化培育，发展海洋旅游，加强岸线资源保护和海洋综合管理，做好温州海域综合管理创新试点工作。加快把宁波舟山港建设成为国际一流强港，打造世界级港口集群。谋划实施"大湾区"建设行动纲要，重点建设杭州湾经济区，支持台州湾区经济发展试验区建设，加强全省重点湾区互联互通，推进沿海大平台深度开发，大力发展湾区经济。

新时代浙江省加快建设海洋强省目标的设立，不仅为浙江省海洋经济的建设指明了方向，也为海洋强国建设注入了强大动力。

二、浙江省海洋经济发展示范区建设战略

20世纪90年代以来，浙江省3次召开全省海洋经济工作会议，不断增强对海洋经济发展的关注度。在随后几年，省委、省政府把发展海洋经济作为实施"八八战略"的组成部分和"创业富民、创新强省"总战略的重要内容。特别是2007年省第十二次党代会明确提出"大力发展海洋经济，加快建设港航强省"的战略要求和任务。这一系列重大战略和举措有力地推动了浙江省海洋资源的综合开发，海洋经济成为浙江省国民经济的重要组成部分和新的增长点，海洋产业结构不断优化升级，海洋基础设施逐渐建设完善，海洋科技水平显著提升，海洋经济整体实力大幅增强。

但是，浙江省在海洋经济发展过程中仍然存在一些问题和不足。浙江

的海洋资源等优势尚未得到充分发挥，海洋资源利用效率有待进一步提高；海洋生产总值占地区生产总值比重仍然较低，海洋高技术产业和服务业还需要加快发展；海洋生态系统和珍稀濒危物种保护力度有待加大，近岸海域生态环境承载力还比较弱，沿海防灾减灾任务艰巨。这些问题的存在对浙江省海洋经济建设提出了更高的标准和要求，实现建设海洋经济强省、海洋经济发展示范区的目标仍然需要多方面的共同努力。

2011年，《规划》获得批复，是"十二五"开局之年获批的一个重要的国家发展战略规划。这不仅标志着浙江省海洋经济建设已经上升为国家战略，还关系到国家海洋经济发展战略和区域发展战略的实施和完善，并有效提升了浙江在全国海洋经济发展中的地位。《规划》设定的期限为2011—2015年，展望至2020年。2011年至今，浙江省充分挖掘海洋资源，以"一核两翼三圈九区多岛"为空间布局的海洋经济大平台建设成效显著，海洋经济成为浙江省新的经济增长点，海洋产业结构实现优化布局，海洋科技取得大幅进步，海洋科研实力显著增强，海洋生态得到重视和保护。"因海而生，为海谋方"，《规划》的批复生效，为浙江省更好地利用和开发海洋资源提供了方向指引，浙江省海洋经济的建设也必将取得更辉煌的成就。

三、浙江省经济发展方式转型升级

改革开放以来，浙江省经济社会发展取得的成绩令人瞩目，在经济领域中，浙江的主要经济指标跃居全国前列，经济总量不断扩大，在经济结构调整和发展方式转变上又进行了积极的探索。但是长期累积的素质性、结构性矛盾依然突出。在技术创新驱动方面，浙江拥有自主创新能力的企业占全部规模以上工业企业的比重较低，高新技术产业的关键核心技术仍然依赖引进，科技成果转化和产业化程度低；在产业结构方面依然以传统产业为主，高新技术产业、装备制造业和现代服务业数量少；要素结构中引进的高端资源要素少，在全球范围内开展资源和价值链整合的省内大型企业少，国内市场和国际新兴市场开拓不足；在制度方面，比较优势逐渐丧失，浙江企业家的创业和创新精神面临考验。这些问题的存在促进浙江转变经济发展方式，追求质量效益性的经济发展方式，优化生产力空间布局，打破传统发展模式的路径依赖。

进入21世纪以来，浙江面临如何破解经济发展中的问题、推进经济结构的战略性调整和发展方式的根本性转变这一时代难题。多年以来，浙江始终坚持以“八八战略”为总纲，自觉践行发展新理念，持续深入打好以“拆、治、归”为基本招法的经济转型升级系列组合拳，率先进行转型升级的有效搜索。海洋经济作为浙江省国民经济的重要组成部分和新的经济增长点，浙江经济发展方式与其息息相关，经济发展方式的转变为海洋经济的发展提供了新的方向，为调整产业结构、转变驱动因素提供了新的动力。

2005 年，习近平同志在安吉考察时，提出了著名的“绿水青山就是金山银山”的发展理念。此后，在浙江经济发展的过程中，生态友好型、环境友好型的发展理念得到深入的贯彻落实，全省全力打造“绿色浙江”，建设生态强省，实现经济的绿色发展。

2008 年，浙江省为全面贯彻落实党的十七大和省第十二次党代会精神，深入学习实践科学发展观，积极推进经济转型升级，切实加快转变经济发展方式，专门做出《中共浙江省委关于深入学习实践科学发展观加快转变经济发展方式推进经济转型升级的决定》（以下简称《决定》）。《决定》中指出了浙江加快转变经济发展方式、推进经济转型升级的总体要求和主要目标，并提出要坚持把调整结构作为主要途径，政府推动与市场机制作用相结合，大力推动产业结构、需求结构、生产要素结构、空间布局结构调整，加快建设现代产业体系，加快形成符合科学发展观要求的发展模式，加快提升浙江经济整体素质。在优化产业结构方面，进一步提出要加快发展服务业，加快推动工业结构优化升级，加快发展高效生态的现代农业，加快构筑现代产业发展的新格局。同时指出，要加强对经济发展方式转变、经济转型升级的体制政策保障和组织领导。《决定》的出台，为浙江省经济发展方式的转型和产业结构的优化升级提供了明确的行动纲领和方向指引，为随后浙江省经济工作的平稳开展提供了保障。

2018 年，习近平总书记在深入推动长江经济带发展座谈会上强调“腾笼换鸟”“凤凰涅槃”的论断，推动长江经济带发展动力转换，就是将“走出去”与“引进来”相结合，积极开展地区间的产业交流合作，促进经济发展的动能转换，为产业高度化腾出发展空间，摆脱对粗放型增长的依赖，提高自主创新能力。浙江省积极贯彻落实这一思想，积极推动产业结构的转型升级。“数字经济”、互联网科技等新经济、新形势取得突出成果，工业化和信息化深入融合，创新引擎持续发力，为传统制造业注入了新的活力，“浙江制造”逐渐向“浙江智造”转变，新兴战略产业积极发展。

通过坚定不移的转型升级，浙江省经济发展方式的调整成效显著。目前浙江省正在逐渐形成高质量发展的经济发展格局，产业布局逐渐合理优化，实现了经济的持续健康快速发展，呈现出崭新的发展态势。

第二节 浙江省海洋经济的发展历程

近年来，浙江将建设海洋强省作为战略目标，以海洋领域供给侧结构性改革为主线，以创新体制与先行先试促进改革，以产业集聚与转型升级促进海洋经济发展，以资源节约和环境保护促进生态优化，上下联动、凝心聚力，大力发展海洋经济，成为全国海洋经济发展示范区建设的先行者。

浙江省凭借丰富的海洋资源、得天独厚的地理位置，成为我国较早发展海洋经济的省份之一；并且随着海洋意识的不断深化、经济体制的不断创新，逐渐从传统海洋经济迈向现代海洋经济。参照当前国际上海洋经济发展的趋势和我国主要沿海城市的海洋经济发展历程，浙江省海洋经济的发展历程大致可以分为起步萌芽阶段、曲折发展阶段、探索创新阶段、海洋经济大省建设阶段、海洋经济发展示范区打造阶段以及海洋强省创造阶段（见图 1-1）。

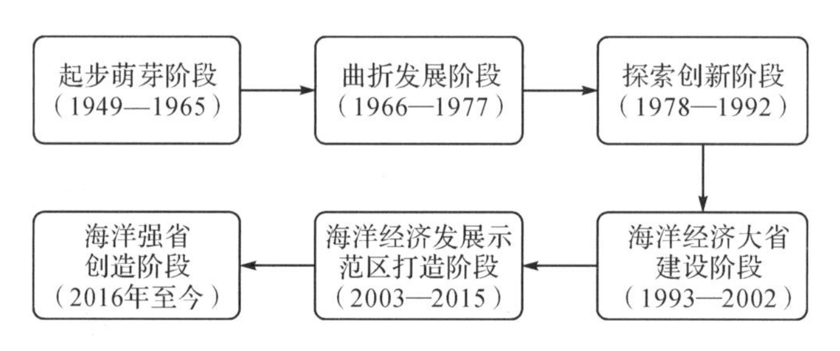

图 1-1 浙江省海洋经济发展历程

一、起步萌芽阶段(1949—1965)

在中华人民共和国成立之初，我国各项事业正面临着刚刚起步的局面，海洋资源的开发利用也处于起步阶段。这一时期大力发展重工业，建设工业强国是我国主要的发展目标。加之国际社会关于海洋经济的开发之潮尚未兴起，因此在这一阶段浙江省的海洋资源的开发利用仍以传统的方式为主。

孙中山在其所著的《建国方略》中就提出构造东方大港的伟大构想，并将宁波、舟山列入“沿海建造的商业港与渔业港”中。在中华人民共和国成立之后，各项工作重回正轨，孙中山先生的愿景也得以实现。浙江省在这一时期逐渐重视对海洋的利用，开发海洋资源，并且成立水产局等相关部门，确定了“先恢复，后发展”的工作思想，积极采取措施促进海洋的开发利用，通过创新和实践“硬脚制”、生产互助组等多种机制，推行渔船动力化和机帆船作业等手段，推动了浙江省海洋渔业的快速发展。

在这段时期，浙江省的海洋渔业总产量约占全国的1/4，并且上调国家的商品鱼所占的比重达到50%以上。丰富的海洋资源和在国内相对较充足的发展经验，为浙江省日后海洋经济的发展奠定了重要基础。

二、曲折发展阶段(1966—1977)

1960年前后，世界各国尤其是沿海发达国家不断重视海洋资源的开发利用，竞相制订海洋的“开发规划”和“战略计划”，海洋经济建设发展逐渐兴起。然而，我国这一时期处于“文化大革命”时期，这也使得我国未能及时抓住这一契机。

这段时期，浙江省海洋经济的发展受到挑战，海洋渔业资源受到较大破坏。浙江省传统的流、钓作业被废弃，取而代之的高强度的机帆船捕捞破坏了水产资源再生能力，全额收购水产品的制度则制约了渔区经济的发展。令人欣喜的是，这一时期浙江省成立了嵊山渔场指挥部，加强了对渔业生产中供、销、补给等环节的协调；东海渔业资源调查和渔区划分的完成为之后海洋渔业的科学管理和持续发展打下了基础。

这段时期，浙江省海洋经济建设在曲折中不断摸索发展，海洋经济开始逐渐受到重视，海洋经济发展虽然受到较大的阻力，但其发展历程并未阻断。

三、探索创新阶段(1978—1992)

改革开放以来，我国的海洋经济总体规模不断扩大，现代海洋产业体系逐步建立，浙江省海洋经济的体制探索和创新发展不断推进。在体制改革方面，浙江海洋渔业在以“单船核算”、股份合作制为特征的生产经营方面取得突破；海洋盐业实施了以滩组为单位的联产承包责任制，并在食盐专营管理体制方面进行创新；海运业则打破了“三统”模式，逐步形成以公有制为主体、多种所有制经济共同发展的新格局。在三大传统海洋产业(海洋渔业、海洋盐业和海运业）增长的同时，海洋经济逐渐向石化、电力、船舶等临港工业和以海洋旅游业为代表的第三产业等领域发展，浙江省现代海洋经济产业结构体系逐步建立。

1983 年召开的浙江省第七次党代会指出，要合理开发、合理利用各类自然资源，确保海洋资源得到严格保护和合理开发；要借助商品经济发展的优势，积极开展对外贸易、引进先进技术和管理经验，不断寻找浙江省海洋经济的优势与不足，为海洋经济的快速发展提供方向。

这一阶段海洋发展与改革开放紧密结合，“引进来、走出去”成为主要任务。凭借改革开放的思潮和影响，浙江省积极创新和探索海洋经济的发展路径，海洋经济发展呈现出昂扬的新姿态。

四、海洋经济大省建设阶段（1993—2002）

我国沿海省市在不同时间提出了海洋开发战略，辽宁省早在 1986 年便提出了建设“海上辽宁”，山东省则在 1991 年提出“陆上一个山东，海上一个山东”，而浙江省真正意义上提出海洋开发战略是在 1993 年，提出了建设“海洋经济大省”的战略目标，并实施了《浙江省海洋开发规划纲要（1993—2010）》。浙江省第九次党代会指出，坚持以开放促开发，统筹规划，分步实施，利用区位和资源优势，港、渔、工、贸、游相互促进，重点发展港口海运业、海洋水产业、临海型工业、海岛旅游业以及内外贸易。同时，有重点地积极扶持新兴海洋产业，特别是海洋高新技术产业的发展，组织新的海洋产业优势。海洋产业得到快速发展，浙江海洋产业总产值持续增长，产业结构不断优化，优势产业多元化发展。

1998 年，在国家启动“科技兴海行动计划”的大背景下，浙江省以“强化海洋国土意识和海洋经济意识、实施科技兴海、加大海洋开发力度”为主题，充分利用地理优势，加快重点港口建设，改善海岛基础设施建设水平。这一系列举措使海洋经济逐渐成为浙江省跨世纪发展新的增长点。同时，大力推动科学技术成为实现“海洋经济大省”的主要驱动力量。在这期间，浙江港航向专业化、集群化、规模化发展，海上运力增长迅速，临港石化、海洋船舶工业、海洋生物制药等产业逐步走在全国前列；海洋渔业稳步发展，远洋捕捞列全国首位；海洋旅游业成为全省国民经济中增长较快的产业之一。

这段时期，浙江省经济建设取得突出成就，经济实力和科技水平不断提升，为海洋经济的发展提供了动力支撑，科技作为新的要素和动力逐渐加入海洋资源的开发利用和海洋经济的建设过程中，并且逐渐催生出了新的发展形态，海洋经济建设正在浙江省发展进程中扮演着更加重要的角色。

五、海洋经济发展示范区打造阶段（2003—2015）

2003年以来，随着我国加入世贸组织（WTO），以及以人为本、科学发展、转变方式、生态文明等理念的逐渐深入，浙江海洋经济增长方式发生转变，海洋经济实现快速发展。2003年8月，在第三次全省海洋经济工作会议中，习近平明确提出"建设海洋经济强省"战略目标。这一战略的主要内容包括：第一，做深做大海洋经济，包括渔业结构调整、渔民专业化、港口开发以及发展临港工业和旅游业等。在舟山调研时，习近平进一步指出，发展海洋经济必须进一步充分发挥好"渔"的优势、"港"的优势、"景"的优势和区域优势，做大做强渔业，把港口、口岸贸易培育成新的经济增长点，建设海洋旅游城市和长江三角洲"蓝色通道"。第二，全面发展海洋经济。在浙江省加快海洋经济发展座谈会上，习近平指出了发展海洋经济需要深入的8个问题，包括关于海洋渔业结构调整、关于港口建设、关于临港工业发展、关于海岛基础设施建设、关于海洋旅游开发、关于科技兴海、关于滩涂围垦、关于海洋环境保护和治理，涉及发展理念的各个方面，体现全面发展的思路。第三，海陆经济联动发展。习近平在全省海洋经济工作会议上明确提出了"走出一条具有浙江特色的海洋经济和陆域经济联动发展的路子"。海陆联动包括陆海之间资源互补、产业互补、布局互联、环境互督。第四，推动山海协作工程。山海协作工程是念好"山海经"的具体化，是强省和强国的具体举措。

2005年4月，浙江省制定了《浙江海洋经济强省建设规划纲要》，助推海洋经济发展和海洋经济强省建设。2007年6月，浙江省第十二次党代会提出"深化山海协作""把发展海洋经济放在更加突出的位置"，在加快海水淡化、海洋能源、海洋生物、海洋旅游等新兴产业发展的同时，加强海域使用管理，切实保护海洋生态环境。

2011年3月，国务院批复《规划》，浙江海洋经济发展示范区建设正式上升为国家战略。建设好浙江海洋经济发展示范区关系到我国实施海洋发展战略和完善区域发展总体战略的全局。《规划》的战略定位是：把示范区建设成为我国重要的大宗商品国际物流中心、海洋海岛开发开放改革示范区、现代海洋产业发展示范区、海陆协调发展示范区及海洋生态文明和清洁能源示范区。国务院在批复中要求将浙江海洋经济发展示范区建设成为综合实力较强、核心竞争力突出、空间配置合理、生态环境良好、体制机制灵活的海洋经济发展示范区。同时要求浙江按照《规划》确定的战略定位、空间布局和发展重点,有序推进重点项目建设,探索建立有利于海洋经济科学发展的体制机制。

2012年,浙江省第十三次党代会指出,建设浙江海洋经济发展示范区是我国建设海洋强国的重大战略举措。要突出抓好重点区域、重要产业、重大项目建设,大力推进"三位一体"港航物流服务体系建设,努力把这一示范区建成我国东部沿海地区重要的经济增长极。

在这一阶段,浙江省海洋经济建设逐渐走到了全国前列,海洋经济综合实力不断提高,凭借国家的政策支撑和敢为人先的积极探索精神,浙江省海洋经济建设取得显著成效,并不断迸发出带头示范作用。

六、海洋强省创造阶段(2016年至今)

这一时期,中国经济已经成为高度依赖海洋的外向型经济,对海洋资源、空间的依赖程度大幅提高,海洋对于国家经济发展和对外开放具有重要意义,在国际政治、经济、军事和科技竞争中的战略地位也明显上升。党的十八大报告首次完整地提出了中国海洋强国战略的5个方面的内容,包括提高海洋资源开发能力、发展海洋经济、保护海洋生态环境、坚决维护国家海洋权益和建设海洋强国。

此前,早在2013年,习近平总书记就对建设海洋强国提出了4个基本要求,即"四个转变",具体内容为:要提高海洋资源开发能力,着力推动海洋经济向质量效益型转变;要保护海洋生态环境,着力推动海洋开发方式向循环利用型转变;要发展海洋科学技术,着力推动海洋科技向创新引领型转变;要维护国家海洋权益,着力推动海洋维权向统筹兼顾型转变。

2017年,浙江省第十四次党代会站在加快科学发展、富民强省的战略高度,以"八八战略"为总纲,提出了加快建设海洋强省、推动海洋事业大发展的重要任务。同年10月,党的十九大报告进一步明确了建设海洋强国的目标、应坚持的原则和重点,习近平总书记提出"坚持陆海统筹,加快建设海洋强国",再次为新时代浙江省海洋事业的发展指明了道路和方向。作为习近平海洋强国战略思想的重要萌发地,加快建设海洋强省是基于浙江省海洋发展自身优势和条件的现实选择,是实现浙江全面开放的有力举措,是谱写

“两个高水平”浙江新篇章的迫切需要。此后浙江海洋强省战略正式起航，海洋资源、海洋经济、海洋生态、海洋科技、海洋法治、海洋文化等体系逐渐成熟并得到推广。

新时代浙江海洋经济发展呈现出全新姿态，产业结构不断优化，发展方式不断完善。海洋经济新业态、新动能不断迸发，海洋经济由大到强，海洋强省建设逐渐成为发展的主要目标，浙江省正在不断地刷新和定义着国内海洋经济的发展模式，成为海洋强国建设的重要引领者和推动者。

第三节　浙江省海洋经济监测预警的意义

浙江省海洋资源丰富，拥有优越的区位条件和灵活的市场经济体制，且海洋科教能力强并有国家的强力支撑，这些有利条件促进浙江省海洋经济的快速发展。目前浙江省已基本建设成为海洋经济大省，海洋经济总量规模不断扩大，海洋渔业产量居全国前列，海洋运输发展迅速，海洋战略地位日益凸显，但是距海洋强省仍有一段距离，海洋生产总值和海洋科技实力与广东、山东、上海等省（直辖市）相比仍有差距，海洋产业结构还不够健全，海洋战略新兴产业发展存在不足，海洋生态环境保护虽然有所改善，但形势仍然严峻。

对海洋经济进行监测预警，能够有效指导浙江省海洋经济的持续发展，助力浙江省在新的历史时期保持海洋经济发展的优势。因此，其对浙江省海洋经济发展的意义是重大的。

一、有利于践行海洋经济强省建设战略

海洋经济强省建设战略提出的总体目标在于提高海洋经济在整体经济中的比重，优化海洋经济的产业结构和布局，积极发展海洋新兴产业，增强现有优势产业的竞争力，改善海洋生态环境质量。海洋经济监测预警对确保海洋经济强省建设战略的推进和落实，保障海洋经济平稳有序高效发展具有重要意义。

海洋经济的快速发展对相关部门的监督管理提出了更高的要求，如何准确和及时地收集和统计海洋经济相关数据成为海洋经济分析中的难题，海洋监测预警则能够提升政府获取海洋数据的效率，帮助相关部门及时掌

握海洋经济的发展现状,与发展目标进行比对分析,有利于制定进一步的行动计划,为践行海洋经济强省建设战略提供目标引领。

积极、及时、准确地发现并解决海洋经济发展过程中的问题,是确保海洋经济平稳发展、实现海洋经济强省建设战略目标的关键环节。海洋经济是一个动态变化的庞大整体,通过对海洋经济进行监测预警,能够分析各个时期海洋经济的运行状况,同时又能从局部到整体、从多角度进行切入调查,全面掌握海洋经济发展中存在的困境,有利于政府采取针对性的行动措施,快速解决问题,为践行海洋经济强省建设战略保驾护航。

二、有利于全面推进浙江海洋经济发展示范区建设战略

2011 年国务院对《规划》的批复,正式标志着浙江海洋经济发展示范区建设上升为国家战略。因此建设好浙江省海洋经济发展示范区,不仅关系到我国实施海洋发展战略以及完善区域发展总体战略的全局,而且是中央对浙江海洋经济发展所取得成绩的肯定,也是中央对浙江海洋经济发展的支持,更是中央对浙江发展海洋经济提出的更高要求。海洋经济监测预警体系的建立则有利于浙江省明确自己的发展重点,紧密结合实际情况,努力探索有利于海洋经济科学发展的体制机制。

浙江海洋经济发展示范区建设的目标是建设综合实力较强、核心竞争力突出、空间配置合理、生态环境良好、体制机制灵活的海洋经济发展示范区。海洋经济监测预警体系的建立能够帮助政府掌握海洋经济发展中海洋经济总体规模、产业结构、空间配置状况等动态变化,准确判断海洋经济的运行状况,避免其偏离计划运行轨道。

在全面推进海洋经济发展示范区建设时,要在体现浙江特色上出新招、做示范。海洋经济监测预警体系的建立有利于浙江各个部门了解浙江省海洋经济的运行特点,掌握海洋经济发展中存在的优势以及问题,有利于政府“对症下药”“因地制宜”,制定符合浙江实际的相关政策和调控措施,充分发挥浙江省拥有的优势,大力发展海洋经济,探索出浙江省海洋经济发展的正确方向和道路,为实现浙江省海洋经济发展示范区建设目标提质增速。

海洋经济发展示范区建设不仅要提高浙江本省的海洋经济整体发展水平,还要在海洋经济结构、产业转型升级、海洋管理能力等方面积极探索,起到示范作用。海洋经济监测预警体系的建立能够为其他地区或者行业提供理论借鉴,不同地区和行业拥有各自的特殊性,借鉴浙江省海洋经济监测预警体

系能够帮助它们了解自身特点，明确海洋经济发展方向，少走弯路，实现海洋经济快速稳定发展。因此，海洋经济监测预警体系的建立能够帮助浙江省真正发挥示范作用，为全国海洋经济的稳定发展探索道路，创新方法。

三、有利于深入实施“科技兴海”战略

“科技兴海”战略是“科教兴省”战略在海洋经济发展领域中的具体体现。目前浙江省海洋科技支撑不断加强，海洋科技研发和成果的转化应用不断增强，海洋人才培养和引进不断加快，但是海洋科技实力与上海、山东等省（直辖市）仍有一定差距。海洋经济监测预警体系将海洋科技实力作为重要监测指标，旨在有效整合海洋科技资源，有利于建设海洋科技创新体系，加快培养和引进高层次海洋科技人才，为提升海洋传统产业、培育海洋高新技术产业、提高高新技术产业在海洋经济中的比重打下基础。

四、有利于改善海洋生态环境

海洋产业作为海洋经济的重要组成部分之一，是推动海洋经济发展的主要力量。与此同时，作为浙江省经济的重要组成部分，海洋经济是浙江省海洋经济强省建设的关键所在。海洋经济的发展依托于海洋资源，而海洋资源的长远开发使用离不开长效的生态保护。在发展海洋经济的过程中，如果海洋生态环境出现问题，海洋产业将受到直接影响，这也将阻碍海洋经济的健康发展，成为海洋经济强省建设和海洋经济发展示范区建设的“绊脚石”，最终影响浙江省经济的整体发展速度。海洋经济监测预警体系将海洋生态环境相关指标纳入监测指标体系，有利于严格把控海洋污染物的排放，有利于合理利用海洋资源，避免过度捕捞和利用，有利于合理开发生态系统，避免因海洋生态系统的破坏而造成环境退化、海岸侵蚀、海产品质量和数量下降等问题，同时有利于树立环境保护意识，完善相关基础设施、法律法规等。一个运转高效、行之有效的海洋经济监测预警体系对于保护海洋生态环境，确保海洋资源的合理开发，建立人与海洋环境之间良好的生态关系，促进海洋经济的可持续发展具有重要意义。

五、有利于完善海洋经济学的内容、丰富海洋监测预警理论

海洋经济学的主要研究内容包括海洋经济基本情况的描述、海洋经济效果提高的途径和方法、海洋政策和法规的研究、海洋经济活动的预测等。

从目前的文献来看，广大学者对于海洋经济的研究主要集中在海洋经济核算、海洋经济发展以及海洋产业等方面，而对于海洋经济监测预警的研究较少。因此，对于海洋经济监测预警的研究完善、扩展了海洋经济学的内容。

将经济监测预警相关知识应用于海洋经济，不失为对监测预警理论应用的创新性拓展。通过对国内外监测预警理论进行总结和分析，得到监测预警理论的发展历程和一般经验，理清了监测预警理论的理论框架。而以海洋经济学、计量经济学、综合评价学等学科为理论指导，将时间序列分析、神经网络模型等方法与监测预警相结合进行研究，则丰富了监测预警的研究范畴。

第四节　全书架构与基本思路

本书重点阐述了浙江省海洋经济的现状以及对其进行监测预警，并通过统计分析研究浙江省海洋经济的发展。

全书主要内容共有5章。第一章介绍了浙江省海洋经济发展的背景和历程，指出现阶段浙江省海洋经济的发展以及开展监测预警的必要性。第二章主要是对国内外海洋经济概念的界定、海洋产业的界定进行梳理和比较，并介绍了研究海洋经济所必需的经济学理论知识。第三章主要阐述了海洋经济监测预警理论，介绍了指标体系的构建理论，为后文建立海洋经济指标体系以及进行实证分析提供理论基础，然后描述了从指标体系的建立到统计调查表的设计，再到应用相应调查表进行实际调查这一整个过程。第四章为浙江省海洋经济监测预警指标体系的建立，从宏观经济、节能减排、防灾减灾和海岛县4个方面建立不同指标体系。第五章为浙江省海洋经济发展其他方面的实证研究，包括从产业结构方面对浙江省及海岛县海洋经济演变进行分析，对因灾间接经济损失进行评估，以及对浙江省海洋节能减排现状和效率进行分析。本书各章节及其主要构成部分如图1-2所示。

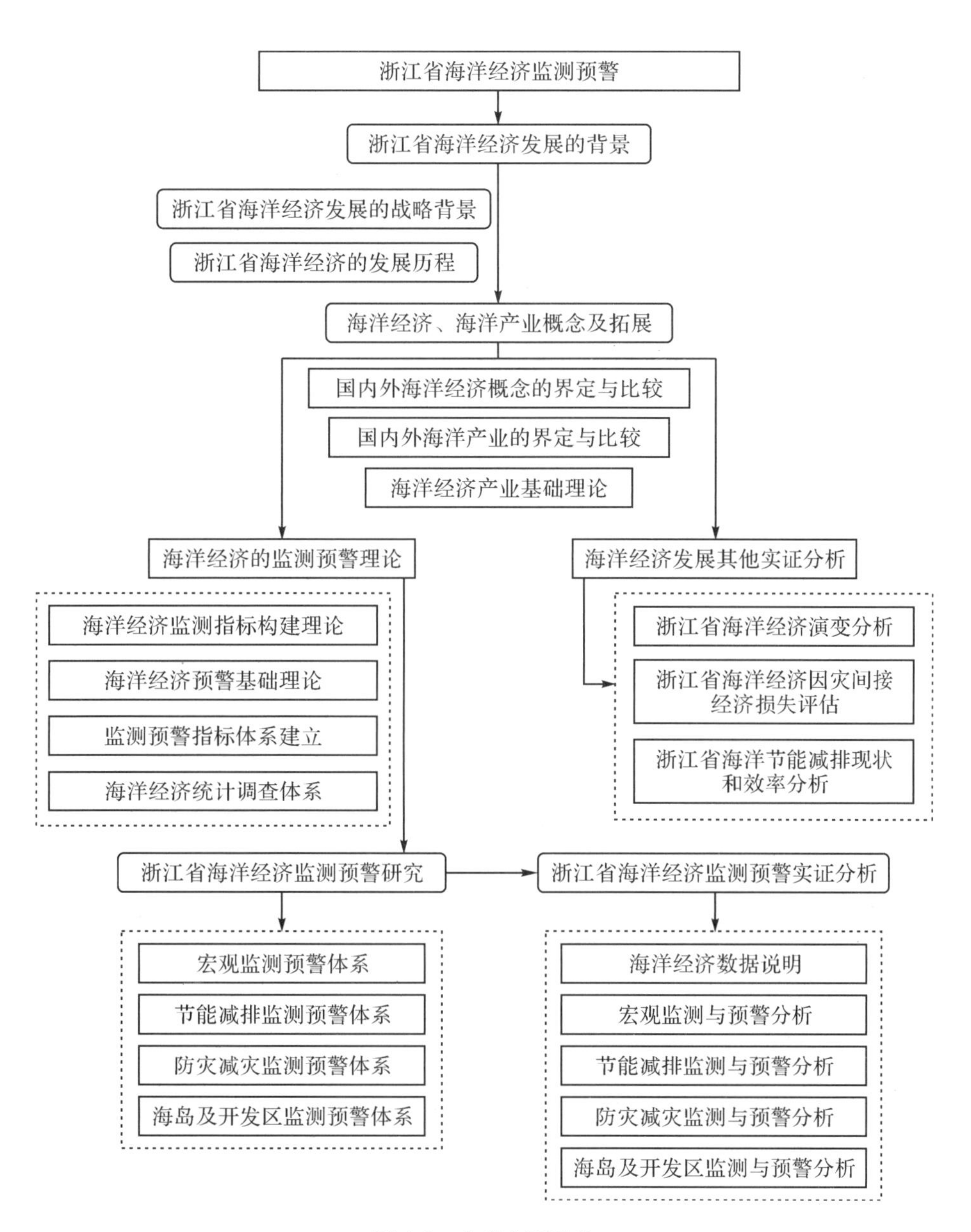
浙江省海洋经济监测预警
浙江省海洋经济发展的背景
浙江省海洋经济发展的战略背景
浙江省海洋经济的发展历程
海洋经济、海洋产业概念及拓展
国内外海洋经济概念的界定与比较
国内外海洋产业的界定与比较
海洋经济产业基础理论
海洋经济的监测预警理论
海洋经济发展其他实证分析
海洋经济监测指标构建理论
海洋经济预警基础理论
监测预警指标体系建立
海洋经济统计调查体系
浙江省海洋经济演变分析
浙江省海洋经济因灾间接经济损失评估
浙江省海洋节能减排现状和效率分析
浙江省海洋经济监测预警研究
浙江省海洋经济监测预警实证分析
宏观监测预警体系
节能减排监测预警体系
防灾减灾监测预警体系
海岛及开发区监测预警体系
海洋经济数据说明
宏观监测与预警分析
节能减排监测与预警分析
防灾减灾监测与预警分析
海岛及开发区监测与预警分析

图 1-2 全书主要架构

第二章　海洋经济与海洋产业的界定与基础理论

第一节　国内外海洋经济概念的界定与比较

20 世纪 60 年代以来，随着人类长期的开发使用，地球上的陆地资源逐渐衰竭，生态环境不断恶化，人类将目光转向了占这颗蓝色星球 71％面积的海洋。随着海洋资源价值的发掘、海洋科学技术的进步，海洋开发的广度及深度被迅速拓展，海洋经济在国民经济中开始占据重要地位。当然，随着海洋经济的迅速发展，海洋经济发展过程中的一些矛盾和问题开始日益凸显，如海洋经济中模糊的海洋属性。因此，国内外学者着手对海洋经济的概念进行界定，以建立海洋经济监测预警体系，从而为制定国家海洋战略提供重要支撑。下面按照不同时期的研究特征，介绍国内外海洋经济概念的演化与发展。

一、国内海洋经济概念的界定

作为海洋大国，我国拥有广袤的海域和漫长的海岸线，海洋资源富足，开发利用海洋由来已久。但当前国内针对海洋经济理论体系的相关研究起步却较晚，故研究成果也相对较少。在对国内关于海洋经济理论研究进行梳理的基础上，将我国相关研究大致分为 4 个阶段：改革开放初期的探索阶段、社会主义市场经济体制下的发展阶段、21 世纪的完善阶段和新时期的进步阶段。

(一)改革开放初期的探索阶段

改革开放在为我国经济发展带来机遇的同时,也为相应的经济理论研究注入了新动力。20 世纪 70 年代末,我国现代的海洋经济理论研究逐渐起步。立足我国海洋事业发展的客观要求和长远目标,著名经济学家许涤新、于光远等在 1978 年的全国哲学社会科学规划会议上,在国内第一次提出了建立“海洋经济”新学科的建议。20 世纪 80 年代中期,学者杨金森、何宏权等人先后提出了我国海洋经济的定义。

杨金森在结合国际产业理论体系的基础上,于 1984 年首次对我国海洋经济进行了定义,认为海洋经济是以海洋为活动场所和以海洋资源为开发对象的各种经济活动的总和。不久,何宏权对杨金森的观点进行梳理总结,从社会生产过程的角度进一步提出“所有这些人类在海洋中及以海洋资源为对象的社会生产、交换、分配和消费活动,统称为海洋经济”的说法。1986 年,权锡鉴将国民财富的概念与海洋经济的定义结合起来,提出海洋经济活动是人们为了满足社会经济生活的需要,以海洋及其资源为劳动对象,通过一定的劳动投入而获取物质财富的劳动过程,为海洋经济定义的界定提供了新的思路。

由于这一时期我国国民经济核算依旧采用苏联的物质产品平衡表体系(MPS),在核算范围、核算内容以及关于生产的理解等方面与国民账户体系(SNA)有一定的区别,因此与海洋经济国际主流的定义相比,以上定义在内容、范围上具有一定的局限性。但这一时期关于海洋经济概念的界定,初步实现了从统计范畴和经济理论这 2 个方面对海洋经济的本质进行阐述,迈出了国内探索海洋经济理论的第一步,并且为后期海洋经济概念的界定打下了坚实基础。

(二)社会主义市场经济体制下的发展阶段

随着我国社会主义市场经济体制的建立和发展,以及 SNA 核算体系逐渐成为国民经济核算体系,这些变化为广大学者认识、理解海洋经济提供了更加全面的方向和角度。这一阶段,越来越多的学者在结合国际标准的基础上,充分注重我国海洋经济的实际情况,深入研究海洋经济相关的基层单位,实现了对海洋经济更加全面的认识和理解。

1995 年,徐质斌结合 SNA 体系中投入产出的内涵对海洋经济进行定义，认为海洋经济是产品的投入与产出、需求和供给，以及与海洋资源、海洋空间、海洋环境条件直接或间接相关的经济活动的总称。1998年，陈万灵在结合我国当时海洋经济发展状况以及国内已有研究的基础上，突出海洋资源在海洋经济定义中的作用与地位，提出海洋经济就是指对海洋及其空间范围内的一切海洋资源进行开发的经济活动或过程。这从全新的角度对海洋经济进行了定义。

在改革开放深入推进的背景下，这一阶段海洋经济的研究不只是纯粹地借鉴国外现有的理论和定义，而是在重视国外相关成果的基础上，注重与国内实际情况的结合，实现了海洋经济理论的进一步发展。

（三）21世纪的完善阶段

进入21世纪以来，我国的经济发展不断取得一系列的突出成就，海洋经济在社会发展中的地位逐渐凸显。为进一步保障和促进我国海洋经济的发展，我国政府相关部门积极推进国家海洋战略部署，制定海洋经济发展规划。因此，这一阶段，海洋经济的定义和理论得到了极大的完善。

随着海洋经济的持续快速发展，为确定一个统一的行业标准，促进海洋经济的健康发展，2000年，我国实施《海洋经济统计分类与代码》（以下简称《代码》），文中指出海洋经济是利用、开发海洋资源和依赖海洋空间而进行的生产和服务活动。又提出涉海性的人类经济活动即为海洋活动。这一定义简洁明了，却高度概括了海洋经济的活动范畴，对海洋经济的定义进行了深刻凝练。为进一步解释该定义，文件中对“涉海性”这一特点进行了全面的阐述，更加细致地对海洋经济定义进行了说明。并且依据我国当时海洋经济产业的发展状况以及发展业态，将海洋经济产业分为15个大类、54个中类、107个小类，为海洋经济统计工作提供了切实可靠的标准。这也是我国首次官方对海洋经济定义进行统一，为我国海洋经济理论研究的发展提供了一个标准依据，对后期海洋经济概念的界定产生了深远影响。

《代码》的发布，为海洋经济理论的研究和海洋经济概念的界定提供了更加可靠的标准参考。在对其进行深入研究的基础上，2000年，徐质斌从海洋与生产之间的依托关系入手，进一步指出海洋经济是活动场所、资源依托、销售或服务对象、区位选择和初级产品原料与海洋有特定依存关系的各种经济的总称。该定义对海洋经济的内涵进行了更新与发展。

海洋经济发展不断呈现出日新月异的态势，其发展潜力和发展空间逐渐扩大。为进一步适应海洋经济的新发展需要，促进海洋经济长远发展，2003年，国务院出台《关于印发全国海洋经济发展规划纲要的通知》。该纲要根据当时海洋经济的发展状况对海洋经济进行了规范，提出海洋经济是开发利用海洋的各类产业及相关经济活动的总和。这一定义从开发利用的角度，更加全面地概括了海洋经济的定义，简洁地总结了海洋经济的活动范围，为适应和促进海洋经济的新发展提供了概念支撑，为海洋经济概念的界定提供了更为可靠的依据。

部分学者从海洋地理区位的层面研究海洋经济的概念，在海洋经济定义的界定过程中，注重结合地理性质，突出海洋资源的区位优势和作用。2003年，张耀光提出海洋经济的基础是海洋、海岛，海洋科学技术是海洋经济的支撑手段，借助海洋技术开发海洋资源和海洋空间的经济活动总和即为海洋经济。同年，陈可文提出海洋经济是以海洋空间为活动场所或以海洋资源为利用对象的各种经济活动的总称。

21世纪以来，我国经济社会不断进步，海洋产业也在不断发展，原有定义范围之外的新业态、新形式不断涌现，海洋经济的发展逐渐呈现出多元化的特点，这也使得海洋经济的定义需要进行调整和完善。2006年，国家海洋局对海洋经济的定义进行了相应的修改，在发布的《海洋及相关产业分类》(GB/T 20794—2006)中，将开发、利用和保护海洋的各类产业活动，以及与之相关联活动的总和定义为海洋经济。这一解释表述简洁，内涵准确、丰富，并被《中国海洋统计年鉴》和《中国海洋年鉴》等著作广泛采纳。

海洋经济的定义随着海洋经济产业的快速发展而不断完善。2006年，徐质斌进一步从生产活动与海洋之间关系的角度对海洋经济进行定义，指出海洋经济是从一个或同时几个方面利用海洋的经济功能的经济，是活动场所、资源依托、销售对象、服务对象、初级产品原料与海洋有依赖关系的各种经济的总称；并且认为，可以从区域意义上，把海洋经济占优势的一定地域看作海洋经济区。

2007年，韩立民在已有研究的基础上更为全面地对海洋经济进行定义，强调海洋资源和海洋空间在生产中的地位，认为海洋经济是为开发海洋资源和依赖海洋空间而进行的生产活动，同时将间接的产业活动也纳入海洋经济的定义当中，提出海洋经济是直接或间接为开发海洋资源及空间服务的相关服务性产业活动的集合。这一定义将直接性的生产活动与间接性的生产活动相结合，并且在内容上强调了服务性产业。

这一阶段,海洋经济的定义在我国不断更新与发展,海洋经济涵盖的范围持续扩大,海洋经济的界定从地理空间、生产性质原则拓展到相关性原则,海洋经济定义不断向更深层次发展。随着国家关于海洋及相关产业分类标准的发布,海洋经济正式进入国民经济产业序列。

(四)新时期的进步阶段

逐梦深蓝,由海洋大国建设发展成为海洋强国建设,是我国一个长远的战略目标。自党的十八大以来,海洋经济发展备受关注,海洋经济有望成为未来新的经济增长极。2017 年,《全国海洋经济发展"十三五"规划》逐步得到扎实推进,加快构建海洋经济运行监测与评估体系,提升数据质量和时效,增强服务能力成为海洋经济发展中新的目标和要求。海洋经济的发展理念和发展思维发生了较大转变。

目前,这一阶段关于海洋经济概念的界定研究尚未形成,但随着我国海洋经济的持续快速发展,海洋经济产业的新业态、新形势不断地涌现,因此其概念的界定在今后一段时间内也会迎来新的发展,相关的理论研究也将迎来更大的进步。

二、国内海洋经济概念的比较

在以上梳理国内海洋经济概念界定的基础上,可以总结得出国内海洋经济概念的界定具有以下异同点。

(一)共同点

首先,在海洋经济概念的界定过程中,均充分借鉴了国外现有的海洋经济理论和概念成果,同时注重与我国发展实际情况相结合,既体现国际主流标准的思想,又饱含中国海洋经济发展的实际特色。

其次,不同阶段海洋经济概念的界定,均受到海洋经济发展状况和时代背景的影响。回顾我国海洋经济概念的界定历程,不同阶段的概念都受到阶段内经济发展水平及其他社会发展状况的影响,具有一定的阶段性特征。

最后,海洋经济概念的界定在一定程度上受到其因自身实际发展情况的需要而倒逼更新的影响。随着海洋经济的发展,原有定义难以界定海洋经济发展状况时,就会促进海洋经济概念的更新和完善,以适应海洋经济发展新的特点和业态。

(二)不同点

根据对以上不同学者关于海洋经济概念界定的梳理和归纳,国内海洋经济概念的界定呈现出以下不同点。

1.界定主体性质不同

从海洋经济概念界定的主体来看,大致可分为2类:学术科研型主体、行政事务型主体。海洋经济概念界定的主体性质不同,其海洋经济概念的界定和范畴也有所不同。其中,学术科研型主体注重随着时代的发展对海洋经济概念进行更新,重视海洋经济研究方法和理论的创新,力求在现有研究成果的基础上实现突破,将学术的严谨性和创新性充分结合。而行政事务型主体,多为与海洋经济相关的政府职能部门,在界定海洋经济的概念过程中,更加注重概念的普适性和总结性,因此其对海洋经济概念的界定相对较为宽泛,但同时涵盖的内容更为细致,侧重于制定统一的标准和规范的概念。

2. 研究角度、出发点和落脚点不同

不同性质的界定主体,对于海洋经济的研究角度不尽相同,出发点和落脚点也有区别。学术科研型主体的研究角度相对较为多元化,注重国内外相关研究成果的总结,其落脚点往往在于促进海洋经济理论的创新发展。行政事务型部门侧重于国内海洋经济发展的实际情况和海洋经济业态,旨在为海洋经济发展量身打造较为完善的概念体系,同时还要兼顾相关的统计、核算等工作,其落脚点在于促进海洋经济产业及其他相关工作的开展。

3. 概念关联性原则的侧重点不同

国内不同性质的界定主体在概念界定过程中对关联性的理解有所区别。学术科研型主体全方位借鉴吸收国内外研究成果,在关联性原则上呈现出多元化的特点,空间关联性原则、产品关联性原则、产业关联性原则等在学术科研型主体的概念界定中均有涉及,形成了诸多的概念界定成果,在丰富国内海洋经济概念界定体系的同时,也为官方部门对海洋经济产业概念的界定提供了有价值的参考。行政事务型部门在界定概念时,更加侧重于在结合我国海洋经济发展业态的基础上,突出产品关联性原则;职能型主体和行政主体则从我国实际情况出发,更注重产业关联性原则。

三、国外海洋经济概念的界定

海洋孕育了地球最早的有机生命，人类与海洋之间的依存关系可以追溯到生命诞生之初，人类的海洋经济发展史可以追溯到语言文字出现之前，但是人类真正从经济学视角对海洋经济进行系统化认识的历史却不长。1947 年，世界第一座近海石油平台在墨西哥湾落成，标志着世界海洋活动由以渔业和海运业为主的传统海洋利用模式向更高级的海洋资源开发与利用模式转变。通过梳理国外相关研究，笔者发现海洋经济概念的理论研究大致可分为 3 个阶段，分别为以抢占海洋资源为目的的海洋经济研究初探阶段、全球市场化背景下海洋经济标准化研究发展阶段和新兴产业环境下的海洋经济研究更新增补阶段。

（一）以抢占海洋资源为目的的海洋经济研究初探阶段

“海洋经济”一词诞生于 20 世纪 60 年代前后。随着当时地球上陆地资源因人类的开发而衰竭、生态环境不断恶化，海洋资源被人类发现和逐渐重视，并且海洋科学技术取得较大进步、海洋经济地位得以提高，海洋经济逐渐在世界各地兴起和发展。法国总统戴高乐于 1960 年在世界范围内率先提出“向海洋进军”的口号，同期，世界上第一支海洋经济研究团队——海洋开发研究中心的成立拉开了人类对海洋经济、海洋产业、海洋管理、海洋科技等诸多领域的研究和探索的序幕。同年，联合国教科文组织成立了“政府间海洋学委员会”专业性组织，促进海洋研究的国际合作。当时，人们对海洋经济的概念停留在单纯的海洋地理环境和海洋自然资源的抢占及开发的基础层面。就理论研究方面而言，受制于当时经济、政治环境以及科技发展水平，海洋经济的研究主要聚焦于海洋航运拓展、海洋矿物资源和海洋渔业资源开发等传统海洋经济，研究领域仍然局限在“海域”这一特定空间范围。

1963 年，Rorholm 在研究纳拉甘西特湾经济发展状况时，将海湾经济与海岛经济的概念加入海洋经济之中，提出海洋经济概念不应该局限于海域限定的空间范围，而应该以人类活动与海洋的关联程度作为概念界定的基础，即海洋经济不仅包括海域空间范围的经济活动，还应囊括近岸、海岛、海湾以及美国五大湖地区等与海洋息息相关的人类经济行为。虽然该定义在时空概念上较为宽泛，缺乏一定的严谨性，但这是世界海洋经济研究史上最早一批使用海洋关联度对海洋经济定义进行界定的理论文献之一。1966

年，学者 Boulding 提出了经济增长的新空间理论，认为未来很长一段时间内，人类利用的能源、资源将主要来自海洋，海洋将成为未来世界经济发展的希望所在、人类经济增长的新空间。此后，Rorholm（1967）在研究海洋经济活动影响的过程中，首次以产业链为视角，运用投入产出法分析了海洋产业在国民经济中的地位。

随着海洋经济在美国国民经济中地位的日益凸显，美国国会开始着手立法保护、扶持美国海洋经济的发展。1972 年，美国通过了世界上第一部综合性海岸带法——《海岸带管理法》（*Coastal Zone Management Act*, *CZMA*）。随后，美国经济分析局参照 Rorholm 的研究成果，于 1974 年首次以官方名义提出了“海洋经济”和“海洋 GDP”的概念和核算方法，首次建立了海洋和经济的关系，为海洋经济的发展奠定了基础。

1977 年，苏联学者布尼奇在深入研究美国海洋经济布局的基础上，结合苏联基本国情，从国家战略、海洋资源以及海运经济的角度提出了“大洋经济”的概念。但是，苏联海岸线漫长，温水港数量较少，海洋航路通航时间较短，所以布尼奇的研究更多集中于蓝海开发和海洋航道规划。

（二）全球市场化背景下海洋经济标准化研究发展阶段

伴随着海洋自然资源的开发、海洋航道的利用，世界海洋经济格局逐渐在大国博弈中成形，其研究理论体系也逐渐走向成熟。1980 年，Pontecorvo 在 *Science* 上发表《海洋部门对美国经济的贡献》一文，给出了当时历史环境下海洋经济最科学、最全面的定义。其将海洋经济定义为“一个国家或地区与海岸带和海洋有密切联系的经济活动”。同时，作者首次将国民账户思想引入海洋经济价值评估中，为后来的海洋经济核算研究提供了系统性的参照。

在这一时期，另外较有代表性的观点是 Luger 于 1991 年提出的海洋经济概念。其首次将海洋相关服务纳入海洋经济体系中，提出海洋经济是“位于海岸带与海洋有着固有联系的生产与服务活动”。1999 年，美国实施“全国海洋经济计划”（NOEP），将涉海经济划分为海岸带经济（coastal economy）和海洋经济（ocean economy）两大类。在此基础上，Colgan（2003）在其专著中将海洋经济定义为“全部或者部分的投入品来自海洋或者五大湖的所有经济活动”，同时在海洋经济的补充定义中强调“海洋经济是产业和地理两个变量的函数，尽管大部分海洋经济行为发生在海上或者海岸带地区，但也有些海洋经济（如游艇制造、海洋相关补给品制造和海产品零售）位于非沿海地区”。2004 年，在《美国海洋政策要点与海洋价值评价》一文中，美国海洋政策委员会指出：“海洋经济是直接依赖于海洋属性的经济活动，这一经济活动或是在生产过程中把海洋作为投入，或是利用靠近海洋这一位置优势，在海面或海底所发生的经济活动。”

经过该阶段的发展，海洋经济概念日趋明朗，现代很多国家政府及国际组织对海洋经济的定义在一定程度上脱胎于该阶段的理论研究。

（三）新兴产业环境下的海洋经济研究更新增补阶段

随着新兴产业的快速崛起以及全球经济环境的逐渐转变，政府组织和学术团体尝试对海洋经济进行进一步的界定。2013 年，Juan 从在欧盟范围内对海洋经济进行国际比较的角度出发，提出当海洋及其资源直接或间接地构成发展海洋经济活动所必需的商品或服务的投入时，经济活动就构成海洋经济的一部分。美国国家海洋经济项目研究员 Judith（2014）在研究海洋经济的定义时指出，海洋经济应概括为“在海洋中”“来自海洋”和“去往海洋”的活动，其分别指代为利用、保护、研究和开发海洋而在海洋中进行的经济活动，从海洋相关的活动中获得、利用、保护、研究和开发海洋商品、服务的经济活动，以及为海洋活动提供投入的经济活动。

同时，经过海洋经济概念的标准化研究，美国对海洋经济概念的界定已经较为全面地涵盖了海洋经济的传统领域。很多国家对海洋经济的官方定义都在一定程度上参考了美国经验。例如，澳大利亚海洋科学研究所（Australian Institute of Marine Science）认为海洋经济是基于海洋的活动，重点关注海洋资源是否为主要投入；《加拿大海洋战略》（*Canadian Oceans Strategy*）将海洋产业定义为“在加拿大海洋区域及与此相连的沿海区域内的海洋娱乐、商业贸易和开发活动，及依赖于这些产业活动所开展的各种产业经济活动，不包括内陆水域的产业活动”。与世界上大多数国家及组织不同，英国海洋管理组织（Marine Management Organization，MMO）并未从宏观产业角度对海洋经济进行定义，但是参考了美国经验中的海洋相关性概念，从微观角度将海洋经济定义为“一切与海洋相关的人类目的性活动都归纳为海洋经济行为”（这里需要指出的是，由于英国的地理位置因素，大部分产业都与海洋经济相关，故英国皇家资产管理局参照美国核算经验对海洋经济进行了多次调查，但调查相关文件中未对海洋经济的概念进行明确阐述）。

与此同时，随着地球生态环境日益恶化，各国政府以及相关组织开始越来越重视海洋经济的可持续发展能力。如今世界主要发达国家政府除了参照美国的概念界定外，又在最新公布的官方定义中加入了“保护”“治理”等概念。例如，最新修订的《日本海洋基本法》中将海洋经济行为定义为“开发、利用和保护海洋的活动”；英国内阁积极推动的英联邦海洋经济方案（Commonwealth Marine Economies Programme）中，海洋经济被定义为“易受海洋影响的，处于海岛或海岸的物质资源开发、生产、交易、投资以及环境治理保护活动”。也有国家政府从产业发展的前瞻性角度对海洋经济进行界定。例如，2017 年德国发布的《海洋发展议程 2025》中，海洋经济被定义为“以现代化高新技术为代表属性的船舶制造及其相关辅助工业、海洋运输业、海港运营及物流管理、海洋工程设计和海洋技术革新的一切相关产业活动行为”。

可见，在新的发展阶段下，海洋经济的研究已经逐步由专家和学术团体的自发研究转向以政府为主导且指导本国海洋政策制定的综合性学术行为。综上所述，国外海洋经济理论的发展经历了上述 3 个阶段。为了更清楚地阐述国外海洋经济的发展脉络，对国外海洋经济理论研究史进行了系统化的回顾与汇总（见表 2-1）。

表 2-1　国外主要海洋经济定义理论研究回顾

研究阶段	作者	年份	海洋经济的定义
初探阶段	戴高乐	1960	并未给出明确的海洋经济定义，但是提出“向海洋进军”的口号，并着手建立海洋开发研究中心，开始对海洋经济进行系统化研究
	Rorholm	1963	提出海洋经济概念不应该局限于海域限定的空间范围，而应该以人类活动与海洋的关联程度作为海洋经济的定义基础，即海洋经济在空间上不仅包括海域空间，还应该囊括近岸、海岛、海湾以及美国五大湖地区等与海洋息息相关的人类经济行为
	Rorholm	1967	研究报告首次在海洋经济概念中引入投入产出思想
	美国国会	1972	从海洋产业角度将海洋经济定义为“海洋以及近岸经济主体的物质采集、生产、交易、投资行为”

续　表

研究阶段	作者	年份	海洋经济的定义
初探阶段	美国经济分析局	1974	开始尝试使用已有的海洋经济定义对美国海洋经济总量进行核算
	布尼奇	1977	结合苏联国情，将海洋经济定义为“海洋资源开采以及以海洋运输服务为核心的人类价值创造实践”
发展阶段	Pontecorvo	1980	将海洋经济定义为“一个国家或地区与海岸带和海洋有密切联系的经济活动”。同时，在发表的文章中首次将国民账户思想引入海洋经济价值评估中，为此后的海洋经济核算研究提供了系统性的参照
	Luger	1991	将海洋经济定义为“位于海岸带与海洋有着固有联系的生产与服务活动”
	Colgan	2003	将海洋经济定义为“全部或者部分的投入品来自海洋或者五大湖的所有经济活动”，同时在海洋经济的补充定义中强调“海洋经济是产业和地理两个变量的函数，尽管大部分海洋经济行为发生在海上或者海岸带地区，但也有些海洋经济（如游艇制造、海洋相关补给品制造和海产品零售）位于非沿海地区”
更新增补阶段	加拿大海洋渔业局	2002	定义海洋产业为“在加拿大海洋区域及与此相连的沿海区域内的海洋娱乐、商业贸易和开发活动，及依赖于这些产业活动所开展的各种产业经济活动，不包括内陆水域的产业活动”
	新西兰环境部和统计局	2003	在海洋中进行的经济活动，或利用海洋环境，或为这些活动生产必要的商品和服务，或对国民经济做出直接贡献
	澳大利亚海洋科学研究所	2006	将海洋经济定义为“利用海洋资源进行生产，或是把海洋资源作为主要投入的生产活动”
	日本国会	2007	《日本海洋基本法》中将海洋经济行为定义为“开发、利用和保护海洋的活动”
	英国海洋管理组织	2014	《英格兰东部海洋空间发展规划》发布于2014年，由于英国大多数产业都有一定的涉海部分，若想明确界定其中的海洋经济成分，必须从微观行为出发，所以海洋经济从微观角度被定义为“Marine-related Activity”
	英国首相办公室	2016	在 Commonwealth Marine Economies Programme 中，海洋经济被定义为“易受海洋影响的，处于海岛或海岸的物质资源开发、生产、交易、投资以及环境治理保护活动”
	德国联邦经济和能源部	2017	在《海洋发展议程2025》中，海洋经济被定义为“以现代化高新技术为代表属性的船舶制造及其相关辅助工业、海洋运输业、海港运营及物流管理、海洋工程设计和海洋技术革新的一切相关产业活动行为”

四、国外海洋经济概念的比较

对比国外政府海洋经济工作经验，不同国家海洋经济概念的阐述、解释过程主要有如下几点异同，如表 2-2 所示。

表 2-2 主要发达国家海洋经济概念界定比较

国家	制定机构	首次定义年份	首次定义文件	视角	思路
美国	美国国会	1972	《海岸带管理法》(CZMA)	区域经济以及行政管理	以空间原则为核心，以产业相关性原则为补充
澳大利亚	澳大利亚海洋科学研究所	2006	《澳大利亚海洋科学研究所海洋产业指数报告》(*The AIMS Index of Marine Industy*)	产业规划管理	资源相关性原则、产业相关性原则
日本	日本国会	2007	《日本海洋基本法》	海域治理以及海洋权利申诉	以资源相关性原则为核心，主要目的是开发、利用、保护日本海洋经济资源
加拿大	加拿大海洋渔业局	2002	《加拿大海洋战略》(*Canadian Oceans Strategy*)	宏观调控和产业规划布局	同美国
英国	海洋管理组织	2014	《英格兰东部海洋空间发展规划》(*English East Inshore and offshore Marine Plans*)	微观主体的海洋经济行为	行为相关性原则
德国	德国联邦经济和能源部	2017	《海洋发展议程 2025》	海洋经济发展、海洋科学技术	海洋技术相关性原则

(一)共同点分析

首先，在思路上，各国官方给出的海洋经济概念均摒弃了传统海洋经济定义中的空间决定论，使用了相关性原则。进一步地，基于相关性原则，均采用多种、多角度有机结合的方式，对海洋经济概念进行全方位的扩展。

其次，大多数国家的海洋经济概念修正始于 21 世纪，在此之前对海洋经济的管理工作都在一定程度上脱胎于美国经验。

最后，主要发达国家均根据本国独特的经济结构、特殊的地理环境和社会发展状况，以官方文件的形式对海洋经济的内涵做出界定，并且在此基础上制定了宏伟的国家海洋经济发展战略。

（二）差异性分析

根据表2-2，不难看出各国对海洋经济概念的认识与阐述存在很多不同，具体表现为以下3点。

1. 概念阐述主体不同

不同海洋产业在各国经济中的地位不同，不同国家的地理环境不同，故对海洋战略的认识有所差异。例如，美国三面环海，背靠五大湖，现代海洋产业发展时间长，海洋经济发展较为成熟。因此，美国通过国会立法，以法律条文形式阐述本国海洋经济概念，并严格保护本国海洋经济权益。又如，澳大利亚海洋资源丰富，但环保任务重，可持续开发难度大，所以该国以研究所研究报告的形式界定海洋经济概念。再如，德国将海洋经济定位为本国未来制造业发展的重要方向，注重科学技术的发展以及海洋经济产业的集中规划，所以海洋经济概念的阐述主体为德国联邦经济与能源部。

2. 视角以及概念出发点不同

不同国家对海洋经济的开发重点不同，因此在海洋经济概念界定中视角也有所不同。例如，日本和澳大利亚在海洋经济概念界定中，分别考虑到本国稀缺的自然资源、高资源下沉重的环境压力，两者均侧重于海洋资源保护、海洋生态建设以及海洋经济的可持续开发；德国则重点立足于未来海洋，以可持续发展和海洋科学技术为出发点来定义海洋经济；英国以微观海洋行为作为出发点定义海洋经济；美国和加拿大则从宏观产业的发展以及区域的发展视角界定海洋经济。

3. 关联性原则不同

由于各国海洋科学技术研究方向不同，故在界定时采用的关联性原则也有所不同。比如，美国和加拿大采用的是以空间原则为核心、产业相关性原则为补充的概念体系，澳大利亚和日本采用的则是资源相关性与产业相关性并行原则，英国采用的是行为相关性原则，德国则是技术相关性原则。

综上所述，根据国内外对于不同海洋经济概念的总结梳理，其大致可以分成狭义、广义以及泛义的海洋经济概念。这3种分类所涵盖的范围依次扩展，其中泛义的海洋经济涵盖的范围最广。

狭义的海洋经济，指通过开发利用海洋资源、海洋水体和海洋空间而形成的经济;广义的海洋经济,指为海洋开发利用提供条件的经济活动,包括与狭义海洋经济产生上下接口的产业,以及陆海通用设备的制造业等;泛义的海洋经济,主要是指与海洋经济难以分割的海岛上的陆域产业、海岸带的陆域产业以及河海体系中的内河经济等。海洋经济的3层定义范围不同,侧重点也有所不同,三者所涵盖范围的变化也印证了海洋经济的发展历程。

第二节 国内外海洋产业的界定与比较

一、国内海洋产业的界定

21世纪以来,海洋经济愈发引起我国政府的重视,沿海地区出台了一系列的政策来大力发展海洋经济。20世纪80年代,我国首次出现了“海洋经济”这一概念,海洋经济逐渐为沿海地区所重视。2000年1月1日起实施的《海洋经济统计分类与代码》(HY/T 052—1999)中定义了海洋产业:人类利用和开发海洋、海岸带资源所进行的生产和服务活动。

到目前为止,我国对于如何界定海洋产业尚未达成共识。根据我国海洋管理、海洋规划管理、海洋经济管理和统计分析等工作的不同目标和需求对海洋产业进行分类,基本有下述4种分类。

(一)按国民经济核算体系标准划分海洋产业

从海洋经济活动的特性出发,我国对海洋产业进行了系统的分类,《海洋及相关产业分类》(GB/T 20794—2006)中将海洋产业分为2个类别、3个层次,反映了海洋经济的内在联系,如表2-3所示。

海洋产业可以划分为2个类别。一类是海洋产业,主要是指开发利用海洋资源的产业和保护海洋生态环境等行为。其又可分为5类经济活动:从海洋中直接获取产品的经济活动,从海洋中直接获取产品的一次性加工的经济活动,将海水和空间作为生产要素的经济活动,应用于海洋及海洋产品的经济活动,与海洋产业相关的科研、教育、管理、服务业活动。另一类是海洋相关产业,指的是本身与海洋不直接相关,但会通过各种生产媒介或者经济技术联系等与海洋产业产生关联的产业。

海洋产业的3个层次分别为核心层、支持层和外围层。核心层是主要海洋产业，是指在一定时期内拥有一定的重要性以及巨大规模的产业。其中有海洋渔业、海洋矿业、海水利用业、海洋盐业、海洋交通运输业、海洋化工业、海洋工程建筑业、海洋船舶工业、海洋生物医药业、海洋电力业、海洋油气业和滨海旅游业等。支持层是指与海洋产业相关的科研、教育、管理、服务业，包括海洋科学研究、海洋教育、海洋地质勘查业、海洋技术服务业、海洋信息服务业、海洋保险与社会保障业、海洋环境保护业、海洋管理、海洋社会团体与国际组织等。外围层是指海洋相关产业，其中有海洋农林业、海洋设备制造业、涉海产品及材料制造业、涉海建筑与安装业、海洋批发与零售业、涉海服务业等。

表 2-3　海洋及相关产业分类表

海洋产业类型		产业部门
海洋产业	主要海洋产业（核心层）	海洋渔业、海洋矿业、海水利用业、海洋盐业、海洋交通运输业、海洋化工业、海洋工程建筑业、海洋船舶工业、海洋生物医药业、海洋电力业、海洋油气业、滨海旅游业
	海洋科研教育管理服务业（支持层）	海洋科学研究、海洋教育、海洋地质勘查业、海洋技术服务业、海洋信息服务业、海洋保险与社会保障业、海洋环境保护业、海洋管理、海洋社会团体与国际组织
海洋相关产业（外围层）		海洋农林业、海洋设备制造业、涉海产品及材料制造业、涉海建筑与安装业、海洋批发与零售业、涉海服务业

（二）按三次产业分类方法划分海洋产业

根据中华人民共和国国家标准《国民经济行业分类》（GB/T 4754—2002）和《海洋经济统计分类与代码》（HY/T 052—1999），海洋产业按照三次产业进行划分，可分为海洋第一产业、海洋第二产业和海洋第三产业。其中，海洋第一产业指直接利用海洋自然资源的产业，主要指的是海洋渔业，包括水产品的增养殖、捕捞等；海洋第二产业是指利用海洋资源进行加工和再加工的产业，其中对国民经济起重要作用的是海洋油气业；海洋第三产业一般是指涉及海洋领域的服务业，包括海洋交通运输业、滨海旅游业和海洋科研教育管理服务业（见表 2-4）。

表 2-4　三次海洋产业分类

海洋产业类型	产业部门
海洋第一产业	海洋渔业
海洋第二产业	海洋矿业、海水利用业、海洋盐业、海洋水产品加工业、海洋化工业、海洋生物医药业、海洋电力业、海洋船舶工业、海洋油气业和海洋工程建筑业
海洋第三产业	海洋交通运输业、滨海旅游业、海洋科研教育管理服务业

(三)按海洋产业与陆地产业"资源相关"标准划分海洋产业

海洋产业不仅包括进行海上活动和海洋资源开发利用的产业，还包括与海洋密切相关的产业。按照"资源相关原则"界定海洋产业，以一次相关为这种密切相关的划分标准，即按直接提供海洋产品、提供相关劳务活动或者直接利用海洋相关产业进行加工和再加工的产业，对海洋产业进行划分，海洋产业可以分为狭义海洋产业、前向海洋产业和后向海洋产业。

狭义海洋产业一般仅指进行海上活动和海洋资源开发利用的产业，包括海洋渔业、海洋盐业、海水增养殖业、海洋油气业等。前向海洋产业主要指直接向狭义海洋产业提供产品或服务的海洋产业，判断标准主要有 2 点：一是该海洋产业的产品或服务是否直接向狭义海洋产业提供；二是该海洋产业的产品或服务是否主要提供给狭义海洋产业。由此可以知道，前向海洋产业包括海洋船舶工业、海洋工程建筑业、海洋科研教育管理服务业等。后向海洋产业是指直接使用狭义海洋产业产出的产品或提供的服务的产业，判断标准主要有 2 点：一是在不改变产品性质的前提下对狭义海洋产业产出的产品进行加工处理；二是利用狭义海洋产业的直接产品作为原料进行加工。由此可知，后向海洋产业包括海洋水产品加工业、海盐加工业、海洋石油化工业、海洋生物医药业等。

基于我国现有的海洋产业以及海洋产业分类状况，对我国 25 个主要的海洋产业按照上述分类方法进行分类，结果如表 2-5 所示。

表 2-5　按"资源相关原则"对海洋产业分类

海洋产业类型	产业部门
狭义海洋产业	海洋渔业、海水养殖业、海水增殖业、制盐业、海洋石油和天然气开采业、海洋矿业、海洋货运业、海洋客运业、海洋能源业、滨海旅游业
前向海洋产业	海洋机械制造业、海洋船舶制造业、海洋机械设备修理业、海洋建筑业、海上贸易业、海洋科研教育管理服务业

续 表

海洋产业类型	产业部门
后向海洋产业	海洋水产品加工业、海盐加工业、海洋盐业、碱产品制造业、海洋石油化工业、海洋生物医药业、沿海拆船业

(四)按海洋产业开发顺序和技术标准划分海洋产业

根据海洋产业开发的先后顺序以及技术水平的高低,可以把海洋产业分为海洋传统产业、海洋新兴产业和海洋未来产业(见表 2-6)。海洋传统产业主要有海洋捕捞业、海洋交通运输业、滨海旅游业、海洋盐业和海洋船舶制造业,在海洋经济中这些传统产业仍占有重要地位。相对海洋传统产业而言,我国海洋新兴产业处于初级发展阶段,拥有丰富的市场需求以及巨大的发展潜力。海洋新兴产业主要是以海洋高新科学技术的进步发现了新的海洋资源或者拓展了海洋资源利用范围而成长的产业,包括海洋油气业、海水增养殖业、海水利用业、海洋生物医药业、海洋化工业、海洋工程建筑业等。海洋未来产业尚且处于研究当中或者处于设想状态,未能形成规模,一般处于萌芽阶段,在未来依赖于科学技术的发展才可能成熟,具体有深海采矿、海洋能源利用、海洋空间利用等行业。同时,这些待开发产业的发展也离不开更加成熟的市场和技术条件,只有满足这些条件,海洋未来产业才会逐渐向海洋新兴产业转变。

表 2-6 海洋传统产业、海洋新兴产业和海洋未来产业

海洋产业类型	产业部门
海洋传统产业	海洋捕捞业、海洋交通运输业、滨海旅游业、海洋盐业和海洋船舶制造业
海洋新兴产业	海水增养殖业、海洋油气业、海水利用业、海洋生物医药业、海洋化工业、海洋工程建筑业
海洋未来产业	深海采矿、海洋能源利用、海洋空间利用

二、国内海洋产业分类比较

整体上,我国现有的海洋产业分类体系科学性、完备性较强,且国家制定了相应的标准,故不同研究主体的相关成果也借鉴了该分类体系。但在实际应用中,不同部门的侧重点可能不一样。下面,对此做进一步介绍。

（一）共同点分析

在国家海洋局制定的《海洋经济统计分类与代码》出台之前，各基层职能部门按照自身需要制定了多种海洋产业分类体系。虽然各部门制定的目的、思路和视角存在不同，但均以我国国家标准产业分类体系为基础，按照自身需要做相应调整，形成了暂时性的产业分类体系。

（二）差异分析

目前，我国海洋产业的界定大多建立在《国民经济行业分类》的基础之上，最大的区别在于划分依据不同。不同行政主体具有不同的政治资源禀赋，同时需要解决的问题也不完全相同，因此在产业界定方面虽然遵循我国产业分类体系，但是会采取不同的分类依据。例如，统计部门在长期的统计调查过程中已按照《国民经济行业分类》形成了较为完备的统计调查体系，故在实践中大多以该分类体系为核心依据；商务部等经济职能部门则更关注产业结构层次的变化以及产业中众多子行业的发展进步，因此这些部门往往会从结构上对产业进行划分；此外，在撰写产业发展报告过程中，各职能部门还会从产业发展角度出发，以产业发展历程划分海洋产业。

三、国外海洋产业的界定

由于各国国民经济分类标准不同，海洋产业分类受此影响，在国际上也形成了多种标准。从地缘关系角度看，主要形成了 4 种体系，即美国和加拿大的北美产业分类体系（NAICS）、大洋洲的澳大利亚和新西兰标准产业分类、欧洲的经济活动标准产业分类和东亚采用的 APEC 的海洋产业分类体系。

（一）美国海洋产业分类

美国在海洋经济计划（NOEP）中，采用北美产业分类体系确定了产业的选取原则，以确保数据连续且易于获得：首先，将那些在发展过程中与海洋紧密联系的产业列入海洋经济范围内，并依据产业所处的地理位置和海洋经济对该产业的贡献度来判断其他产业是否归于海洋经济范畴。其次，需要根据产业的数据来确定。从产业中获得的数据不仅能够反映海洋经济的发展状况，而且能让不同产业之间相互比较。根据以上原则，美国将海洋经济分为九大部门，但是可以获得数据的只有六大部门，分别为海洋建筑业、海洋生物资源业、海洋矿业、海洋船舶制造业、海洋旅游及休闲娱乐业、海洋运输业。具体的产业结构与类别如表 2-7 所示。

表 2-7　美国海洋产业分类

涉海部门	海洋产业
海洋建筑业	海洋工程建筑
海洋生物资源业	海水养殖、捕捞、海产品交易、海产品加工
海洋矿业	砂石开采，油气开采、加工
海洋船舶制造业	游艇制造与维修、轮船制造与维修
海洋旅游及休闲娱乐业	休闲娱乐服务、船舶经销商、餐饮、酒店住宿、游艇码头、休闲车船停靠和营地、水上观光、运动商品零售、动物园、水族馆
海洋运输业	远洋货物运输、海洋旅客运输、海洋运输服务、搜救与航海设备制造、仓储

（二）加拿大海洋产业分类

《加拿大海洋战略》对海洋产业做出了明确定义：在加拿大海洋区域及与此相连的沿海区域内的海洋娱乐、商业贸易和开发活动，及依赖于这些产业活动所开展的各种产业经济活动，不包括内陆水域的产业活动。按照北美产业分类体系标准划分，加拿大海洋产业涉及国民经济的 19 个行业（门类）、48 个大类和 85 个小类，具体的分类方法可以从下列 3 个角度出发。

1. 按类型分类

（1）海洋直接产业：直接利用海洋环境资源的产业，如海洋渔业、海洋油气业、海洋交通运输业。

（2）涉海相关产业：为直接产业提供产品或者服务，与海洋直接产业有密切联系的产业。

2. 按是否盈利分类

加拿大的海洋产业活动包括盈利性活动和非盈利性活动。

（1）盈利性活动：包括提取性海洋活动和非提取性海洋活动，如渔业和船舶制造。

（2）非盈利性活动：包括海洋管理活动、海洋科研活动等。

3.按三次产业分类

(1)海洋第一产业:直接利用海洋经济资源或者进行初级加工的产业,社会生产部门直接获取具有经济价值的资源,如海洋渔业等。

(2)海洋第二产业:通过加工制造将海洋原料制成半成品或者成品的海洋产业,如海洋建筑业、渔产品加工业等。

(3)海洋第三产业:为海洋开发生产生活等提供服务的产业,如海洋交通运输业、滨海旅游业等(见表2-8)。

表2-8　加拿大海洋三次产业分类

三次产业	大类产业	细分产业
第一产业	海洋渔业	海洋捕捞、沿岸水域渔业、海水养殖
	原油和天然气	油气开采和生产
	采石和砂矿产业	海洋采矿
第二产业	渔产品加工业	鱼类加工
	造船和修船业	船舶建造和修理
	机电设备业	通信、导航、海洋仪器及其他
	石油冶炼	以运输为目的的冶炼
	建筑业	港口建设、海岸工程建筑
第三产业	海洋运输及相关服务	船舶运输、港口、导航服务和海洋旅游船
	管道运输业	原油和天然气的管道运输
	存储仓储业	冷冻品存储和入库
	通信业	通信服务,包括卫星跟踪、通信遥感和雷达站作业
	批发与零售贸易业	海产品、石油产品及其他海洋设备的批发与零售
	经营服务业	—
	专业经营服务业	工程、环境、调查、生物和物理科学咨询服务业
	教育服务业	教育和培训
	食宿和餐饮服务业	涉海旅游
	娱乐和消遣服务业	生态远行游、海上运动、捕捞和钓鱼及相关服务
	非经营服务业	—

续 表

	大类产业	细分产业
第三产业	政府服务业 ——国防服务 ——其他联邦服务 ——省级政府服务	— 军事行动 法规和资源管理,海洋服务、研究和开发 法规和资源管理、摆渡服务
	教育服务业	海洋类大学和技术院校

(三)澳大利亚海洋产业分类

澳大利亚对于海洋产业的归类没有达成共识。澳大利亚的海洋产业包括海上运输业、海洋油气业等,虽然海洋产业没有统一的定义,但是根据得到的海洋产业相关数据,可以归纳出澳大利亚的产业分类(见表 2-9)。

表 2-9 澳大利亚海洋产业分类

产业类别	大类产业	细分产业
海洋资源活动和产业	渔业	海水养殖、商业渔业(野生渔业捕捞)、休闲渔业、土著渔业
	海洋油气勘探与开发	石油勘探、石油生产、液化石油、天然气、海洋管道服务
	其他资源开发利用	淡化、碳捕获、生物探测、海底矿产、潮汐能
涉海服务和产业	船舶制造与维护及基础设施建设	船舶制造与维修、游艇制造与维修、游艇码头和基础设施建设、海洋设备零售
	海洋旅游和休闲活动	文化和休闲活动、国内旅游商品和服务消费、国际旅游产品和服务消费、水族馆
	水路运输及服务	水路运输、水路运输服务
	海洋环境管理	科学研究与发展、管理体系的建立与运作、海洋安全

澳大利亚根据澳大利亚和新西兰标准产业分类对海洋经济进行分类,并据此确定了海洋经济的范围和成分,具体包括海洋旅游业、海洋石油和天然气业、海洋渔业和海产品加工业、海洋运输业、海洋船舶制造业及海港工业(见表 2-10)。

表 2-10　澳大利亚海洋三次产业分类

大类产业	细分产业
海洋旅游业	旅行社和旅游经营服务活动,出租运营活动,空中和水路运输活动,住宿、咖啡店、饭店和食品店,俱乐部、客栈和酒吧以及其他零售贸易活动
海洋石油和天然气业	海洋石油和天然气开采、提炼和加工活动以及石油和天然气勘探活动
海洋渔业和海产品加工业	海洋渔业捕捞活动、海水养殖和海产品加工活动
海洋运输业	海上运输活动
海洋船舶制造业	船舶和游艇制造活动
海港工业	码头装卸活动、水路运输活动、港口营运以及其他服务

(四)日本海洋产业分类

《日本海洋基本法》中规定“海洋产业是承担海洋开发、保护和利用的产业”,海洋产业又可以分为 3 个大类和 30 多个小类。从产业特征来说,海洋产业分为专门在海洋上进行活动和工作的产业、专门在海洋上提供生产和服务的产业和从海洋提取海洋资源的产业;从产业类型来看,海洋产业又可以分为海洋空间活动型、资材服务提供型和海洋资源利用型。《海洋产业调查研究报告》把海洋产业分为了 A、B、C 3 类,具体分类如表 2-11 所示。

表 2-11　日本海洋产业分类

产业类别	产业构成
A 类	海洋渔业 沿海与内陆水上运输业 海洋盐业 海洋文化 港口运输服务业 港口与水运管理 水运相关产业 矿石开采 原油与天然气 公共设施建设 固定通信 工程建造与服务 其他商业服务 其他休闲娱乐服务业

续　表

产业类别	产业构成
B类	人造冰 绳网 重油 船舶修造 其他通信服务
C类	鱼类、贝类冷冻 腌制、风干、烟熏产品 瓶装、罐装的海产品 其他方式处理的海产品 批发贸易

(五)英国海洋产业分类

在皇冠地产、英吉利港口以及英国石油和天然气公司联合出版的报告中,采用了海洋产业的狭义定义,并且将海洋产业分为了18个部门。这些部门的选择与其海洋活动结构相匹配,且海洋活动的范围也有许多特征。具体的产业分类如表2-12所示。

表2-12　英国海洋产业分类

部门	细分产业
渔业	海洋渔业、海洋养殖业、渔产品加工
海洋石油与天然气	海洋石油和天然气开采
滨海砂石开采业	海洋沙子和砾石开采
船舶制造与维修	船舶、游艇制造与维修
海洋设备	海上石油和天然气设备、造船和维修设备、游艇制造和维修设备
海洋可再生能源	风能、潮汐能
海洋建筑业	港口开发、防洪等沿海工程,海上风电场制造
航运业	海上货运
港口业	货物存放、船舶打捞、货物装卸、加油、乘客处理和服务以及其他活动
航海与安全	灯塔、水利局、海事和海岸警卫队、国家救生艇机构
海底电缆	海底电信、电力电缆

续　表

部门	细分产业
商业服务	海上保险、船舶租赁、航运金融、法律服务、争议解决以及会计服务
许可和租赁业	钾盐开采、石油和天然气管道、电信和电力电缆、水产养殖、可再生能源、系泊设备和港口码头的许可和租赁
研究与开发	工业部门、海洋高等院校、公共部门
海洋环境	废水处理、环境保护
海洋国防	海军
休闲娱乐业	游轮、休闲工艺品服务
海洋教育	高等教育

（六）德国海洋产业分类

2017 年 1 月，德国联邦经济和能源部发布了《海洋发展议程 2025》，指出要建立健全海洋产业专门统计体系。就目前而言，德国海洋经济统计没有专门的行业分类，但从德国联邦经济和能源部的相关政府文件中可以看出，主要借鉴已有的国民经济核算体系产业分类，包括海洋运输业、港口经营管理业、造船业、造船辅助工业、海洋工程建筑业、近岸风能利用业、海洋科学研究。需要指出的是，由于德国更强调波罗的海地区生物资源多样性保护，故在《海洋发展议程 2025》中并没有对海洋渔业进行界定。

整体来看，德国的海洋经济相关事务分散到各相关职能部门管理，尚未形成统一的体制。另外，德国对海洋经济的界定较为特殊，因此暂未通过官方资料找到一套真实可靠的产业界定标准。

（七）法国海洋产业分类

《法国海洋经济数据》报告中介绍了对法国海洋经济活动的调查，海洋经济研究院将海洋经济活动区分为工业部门（商业部门）和非商业公共部门相关活动，在工业部门中，考虑了多达 10 个商业部门，而后者考虑了 4 种类型的公共部门。与其他国家不同的是，法国将传统的化石燃料发电厂、核电站和风力涡轮机的发电作为海洋经济的一部分。具体的分类情况如表 2-13 所示。

表 2-13　法国海洋产业分类

部门大类	产业大类	产业细分
工业部门	海产品产业	海洋渔业、海水养殖、海藻生产、鱼市场和鱼类贸易、海产品加工业
	海洋矿物开采业	硅砂砾石、石灰石和沉积物
	发电	常规化石燃料发电站、核电站、风力涡轮机
	船舶制造及维修业	商船和军舰的建造和修理、海军装配
	海洋及河流国民工程建设	港口、水坝、堤坝、通航运河、供水、船闸和其他水道设施建设，执行水中潜水工作，清理沟渠，开发河岸和切割水草
	海底电缆	海底电缆的制造、铺设和维护
	海洋油气及相关产业	提供勘探和生产、炼油和石化产品领域的石油和天然气相关服务和设备
	滨海旅游业	居民和非居民游客在特色旅游活动中的消费：住宿及餐饮和全包（非居民）支出、与住宿相关的支出、食品支出、杂项购买、现场旅行（出租车或公共交通工具）、为私人提供服务、虚构租金
	水上交通运输业	港口的开发和总体组织、船舶和货物的港口服务
	海洋保险业	海上保险和银行业务
非商业公共部门	国防	法国海军
	公共调解	经济和社会活动（海员劳工计划、社会保护）、监管和教育
	海岸带环境保护	预防、减少和消除污染，修复损害，以及环境信息的获取、处理
	海洋研究	法国公共机构在海洋研究和海洋学领域的活动

（八）其他主要沿海国家海洋产业分类

其他沿海国家也各有符合自己实际情况的海洋产业分类方法和标准，有些沿海国家已经有了相关的海洋产业分类或者统计数据，但是分类相对较为模糊，详细情况如表 2-14 所示。

表 2-14 沿海主要国家海洋产业分类

国家	海洋产业分类
韩国	海洋运输业、港口业、造船业、渔业和海洋产品、其他海洋产业
菲律宾	渔业和林业、建筑业、制造业、交通运输和仓储业、商业、采矿及采石业、金融业、服务业
泰国	海洋渔业、海洋油气活动、海洋运输及相关活动、滨海旅游、其他(海军、考古研究等)
越南	渔业、石油和天然气、海上运输、滨海旅游、制造和建筑业
马来西亚	基于海域的(航运、海上石油和天然气勘探和生产、渔业和水产养殖),基于陆域的(造船、船只维修、港口作业、货物装卸、后勤支援服务以及海运辅助服务)
印度尼西亚	渔业、石油和天然气业、制造业、交通运输业、旅游业、建筑业、服务业
新西兰	海洋矿业、捕捞养殖业、航运业、政府和国防部门、海洋旅游娱乐业、海洋服务业、研究与教育业、制造业和海洋建筑业

四、主要国家海洋产业分类比较

下面,对沿海主要国家海洋产业界定进行比较。

(一)共同点分析

1. 海洋产业界定发展时期相同

在2000年之后,“海洋经济”概念以及海洋开发技术逐渐成熟,世界沿海主要国家都陆续开始结合自身国情,研究海洋经济产业体系框架,进行海洋经济部署。

2. 海洋产业界定的核心目的类似

各国对海洋产业界定的核心目的主要有2个,分别为:研究海洋自然规律,促进本国产业部门合理开发海洋资源;建立海洋经济统计体系,准确度量本国海洋经济发展状况。

3. 海洋产业管理体系(或组织结构)类似

根据前述总结,不难发现,各国海洋经济管理规划与标准大多由最高权力机关制定,并且其直接领导一个小规模的专业机构对社会资源进行整合。

(二)差异分析

1. 各国海洋产业界定的经济背景不同

各国会根据自身国情选择海洋经济发展的侧重点。例如,美国海洋产业发展历史悠久,海洋相关产业体系健全,故美国海洋产业界定方法是直接从已有产业分类标准中将涉海部分抽出;欧洲及澳大利亚更强调海洋经济的可持续发展,故在海洋产业界定或者相关研究中都包含了海洋生态环境保护的内容,即其更强调海洋可再生资源的开发利用。

2. 各国海洋产业界定的最初目的存在差异

不同国家的海洋经济发展史和海洋文化的不同,造成各国海洋经济产业界定的出发点千差万别。例如,美国海洋产业界定的出发点在于准确度量本国制造业总量;英国海洋产业界定的目的在于核算"联合王国"的经济资源总量,并促进英联邦国家协同发展;日本海洋产业界定的目的在于促进本国海洋资源开发。

3. 产业界定的思路不同

美国海洋产业界定的思路主要是为了保证美国行政管理体系的一致性,确保产业调查结果横向可比、纵向可查;德国海洋产业界定的思路则是适应本国未来产业布局;英国从微观角度核算经济行为以及经济资产。

4.分类标准因国家而异

例如,在美国,海洋经济包括与海洋明确相关的行业(工业方面)和仅与海洋部分相关并且位于岸上相邻邮政编码区域(地理方面)的行业。法国将海洋经济划分为工业部门和非商业公共部门相关活动。加拿大将海洋经济划分为初级海洋活动和次要海洋活动。中国将海洋经济分为 3 个部门,但主要集中在主要海洋部门。关于日本和韩国,尽管术语不同,但分类标准显示出惊人的相似之处。

此外,各国的海洋经济范围差异很大。例如,在美国,我们看到 6 个部门和 26 个类别,而在日本,我们只看到 3 个部门,但有 33 个类别。这反映了不同国家有不同的分类部门和类别。换句话说,一个国家的一个行业在另一个国家被分为几个行业,反之亦然。此外,一个国家的某些行业可能被排除在海洋经济之外,但在另一个国家则不然。尽管存在这种差异,但我们可以确定一些共同行业的主要范围和特征。

(1)海洋渔业。通常包括海洋捕捞、水产养殖和海产品加工等。美国、法国和韩国等一些国家包括渔业下的海产品分销。

(2)海洋采矿。所有存在海洋采矿的国家都将其纳入海洋经济。一些国家包括盐业,而另一些国家则将盐业与海洋采矿区分开。

(3)海上石油和天然气。所有拥有海上石油和天然气工业的国家都将其纳入海洋经济。然而,与美国不同,大多数国家仅包括勘探和生产活动,选择将海上石油和天然气与海洋采矿分开。有些包括精炼,有些则没有。

(4)船舶和造船。所有存在船舶和造船业的国家都将其纳入海洋经济。在韩国,海上工厂建筑也包括在造船业中。

(5)海洋制造业。尽管海洋制造业的范围因国家而异,但大多数国家将其纳入海洋经济,澳大利亚除外。

(6)海洋建筑。所有拥有海洋建筑业的国家都将其纳入海洋经济。

(7)海上运输。所有国家的海洋经济中都包括海上运输,但有些国家将海运相关服务归类为单独的行业。

(8)港口。许多国家将港口业纳入海运。

(9)海洋旅游。尽管所有国家的海洋经济中都包括海洋旅游业,但该行业非常复杂。海洋和沿海旅游业的范围差异难以忽略。美国只包括沿海岸相邻邮政编码区域的活动,以保证旅游和娱乐与海岸本身之间的联系。

(10)教育、国防、研发和公共行政等公共部门。大多数国家将其纳入海洋经济,但也有些国家未将其纳入,如澳大利亚。

(11)海洋可再生能源。英国、中国和韩国将其视为一个独立的行业(美国将联邦支出作为其网站上的单独页面)。

(12)海洋生物产业。中国和韩国将其视为一个独立的产业。

第三节　海洋产业基础理论

一、海洋产业经济学相关理论

产业经济学又称为产业组织学或产业组织理论,根据研究内容不同,可以分为产业组织、产业关联、产业结构、产业安全、产业政策和产业集群等研究方向。本节重点介绍产业组织理论、产业集群理论和产业结构理论,并结合海洋产业介绍海洋产业组织、海洋产业集群以及海洋产业结构相关理论。

(一)产业组织理论

产业组织理论以价格理论为基础,在完全竞争模型不再成立时,研究产业内部企业行为和由此演化出的整个市场的结构。这里的“市场”指生产同类产品的企业集合,与“产业”同义,同一产业的企业都是在这个市场上相互博弈,开展竞争并追求利润最大化目标的。产业组织理论得名于马歇尔(1890)的《经济学原理》一书,该书第四篇指出,分工、集群生产和扩大生产规模都能有效提高效率。产业组织理论的深入研究则源于马歇尔冲突。马歇尔在研究规模经济的成因时,发现大规模生产可以为企业带来规模经济,可以降低单位产品的成本,这样可以使该企业市场占有率不断提高,但规模经济的结果必然导致市场结构中垄断因素的不断上升,而垄断又会降低资源配置的效率,扼杀经济活力。这一问题引发了长时间的讨论,讨论的核心在于如何才能形成有效竞争,即在维护竞争的同时又发挥规模经济的作用。产业组织理论正是在这一讨论中得到了完善。

对海洋产业组织的研究侧重于海洋产业中的某个组织对于该产业发展的作用和意义。Nielsen et al.(1997)探讨了渔业管理中渔民组织的作用,认为未来渔业将会面临市场变化、技术限制和管理挑战等问题,得出了渔业需要进行统筹管理的结论。Petersen(2002)研究了太平洋地区的渔业协会的职能和渔业发展情况之间的关系。Sjostrom(2004)对海洋运输卡特尔进行研究,对以班轮公会的形式形成的合谋关系进行了分析,探讨了产业组织理论在海洋产业中的表现,分析了海洋产业垄断性卡特尔和破坏性竞争2个模式。Kostrikova et al.(2014)研究了知识型组织在海洋产业中的地位,认为具有知识型组织对提高海洋产业工人的职业能力、社会适应性,完善意志品质具有重要意义;并提出了一种整体的资源管理办法,以智力组织形成为主要的海上教育综合体,该综合体整合了从海员到大型船长的各个阶段的海上专家培训。

(二)产业集群理论

产业集群理论认为,在某个区域中,集聚着某个行业中互相联系的公司、供应商,拥有相应配套政策与专门的行业协会,通过这样的产业聚集可以形成市场竞争力,使得生产要素聚集并能够对其进行优化配置,企业能够共享区域内的设施资源和市场资源，降低信息和物流成本，形成区域集聚效应、规模效应、外部效应和区域竞争力。适度的产业集聚可以提高资源利用效率，发挥规模经济的效益；反之，会减弱经济活力，贻害无穷。

对海洋产业集群理论分析的目的是探究海洋产业集群能否切实提高产业的竞争力以及如何才能增强产业集群的竞争力。Chetty(2002)利用产业集群理论，对新西兰海洋产业的集群情况进行了分析，并判断其是否有利于提升该国海洋产业的国际竞争力。Karvonen et al.(2003)通过对芬兰的海洋运输、海洋制造、港口产业的260个企业进行调研，发现这些企业普遍存在着紧密联系，集群中的主导性企业承担着带领国家参与国际竞争的责任，对整个产业的发展至关重要。Berger et al.(2003)研究了挪威海洋产业集群状况，认为企业集聚有助于集群的发展。Langen(2004)分析了荷兰海洋产业集群中的领军企业行为。Li et al.(2009)研究了海洋产业集群的保障因素，认为只有生态创新才能够保证产业集群可持续发展。Partiwi et al.(2016)研究了海洋农业产业集群的竞争力的依赖条件，认为只有制定合理的产业绩效考核办法，才能提升产业集群的竞争力。

(三)产业结构理论

"产业结构"的概念最早出现在20世纪40年代。关于"产业结构"的概念，各学者观点有较多分歧。贝恩(1959)在《产业组织》中认为产业结构为"产业内部的企业间关系"，有日本经济学家对此极力反对，认为产业结构仅指产业间的关系。目前，产业结构通常被定义为产业间的关系，指的是在社会再生产过程中，国民经济各产业之间的生产技术经济联系与数量比例关系。产业结构理论将对经济现象的研究深入产业结构层次，目前有2种主流的研究思路。第一种思路，产业结构研究主要是对产业之间的技术经济联系以及生产中投入和产出的数量比例关系进行研究；另一种思路，国民经济各产业中的经济资源是相互联系的，如何使各个产业的资源配置效率共同提升才是产业结构研究的目的。产业关联是在产业结构理论的基础上建立起来的，赫希曼(1958)提出了"产业关联"的概念(经济发展战略)，认为国民经济各产业部门存在着相互依存的关系，其中一个产业的发展势必会影响其他产业的发展。

海洋产业结构研究主要研究海洋产业中各个子行业的共同点与不同点，并利用产业结构分析海洋经济对经济发展的作用。Schittone(2001)分析了佛罗里达西部附近海域的案例，分析了海洋旅游业与捕鱼业之间的矛盾冲突，以及论证了在主要发展海洋旅游业时也有必要保留适当的捕鱼业。Herrera et al.（2004）探讨了商业捕鲸与海洋生态旅游、国际贸易、商业捕鱼等相关产业之间的关系，研究了这些关联产业之间的冲突问题与协调方法。Kwaka et al.（2005）利用投入产出分析方法研究了1974—1998年海洋产业在韩国国民经济中的作用，研究结果表明，海洋经济存在明显的前后向产业关联和拉动效应。徐烜（2019）研究了中国海洋产业结构演进与趋势判断，得出了不断细分产业与丰富产业构成对海洋经济增长具有促进作用的结论。

二、海洋产业发展理论

通过对海洋经济概念进行界定和对海洋产业结构进行分析，发现海洋产业既可以作为国民经济中的一个产业部门，又可以作为国民经济在海洋维度上的投影，可以看成微缩版的国民经济。海洋产业拥有完整的产业体系，发展范围覆盖了国民经济的各个产业，如从海洋渔业到海洋化工业，再到滨海旅游业、海洋科学研究业等方方面面的内容。所以可以将产业发展理论和经济发展模式理论应用于海洋产业的研究中。

海洋产业发展是一个不断完善的过程，是海洋产业中单个具体产业或者海洋产业总体不断从不合理走向合理、从稚嫩走向成熟的过程，是产业结构优化、产业布局合理化、产业组织高效化的过程。为了更好地论述产业发展，本书借用经济发展的定义来说明。经济增长与经济发展有时可以互换，但两者存在根本性的区别。一般来说，经济增长可以说是一个国家的人均收入和GDP数值变大了，而经济发展不仅需要相关经济指标数值上的增长，还要求经济结构不断优化，发生根本性的跨越。由此可以看出，经济发展是经济增长的进阶阶段。虽然经济发展必定伴随着经济增长，但经济增长不一定会带来经济发展，经济发展的条件是经济增长带来人民可支配收入的提升。由此可知，海洋产业发展的核心要求是海洋产业结构优化。

（一）海洋产业的生命周期理论

一般来说，可以用产业发展的生命周期理论来描述单个产业的演进过程。与产品的生命周期划分方法类似，可以将产业的生命周期分为4个阶段，即产生期、成长期、成熟期和衰退期（见图2-1）。但两者也有不同之处。

与产品相比，产业的生命周期有以下特点：产业的生命周期更加平缓而漫长，多表现为“衰而不亡”，真正消失或死亡的产业并不多，而且往往会出现“起死回生”的现象。为确定某一产业在生命周期中所处的阶段，一般需要考虑2个因素：一是该产业在全部产业中的占比情况，二是该产业占比增长速度的变化。两者分别反映了产业的规模和产业的变化情况，也反映了产业的现状和前景。

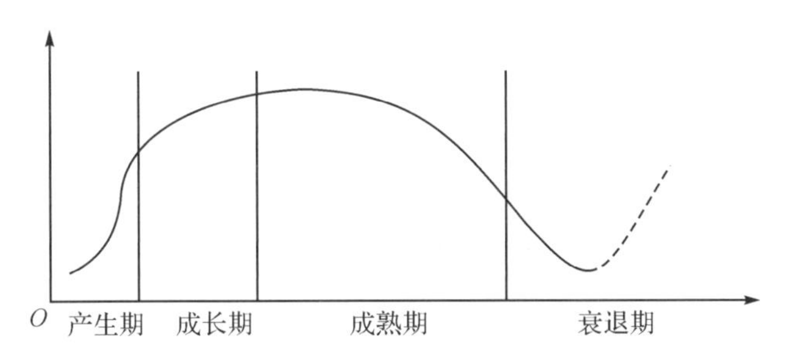

图 2-1　产业发展阶段

某个产业在整个产业中所占规模较小时，通常可以判断该产业正处于产生阶段。当该产业的规模占比迅速增加，在产业结构优化调整中所起到的作用日益扩大，且该产业的发展速度已经超过了国民经济的平均发展速度，相关技术发展迅速走向成熟，市场需求量也迅速扩张时，就可以认为该产业已经过渡到了成长期。当该产业的增长速度放缓，规模占比持续稳定时，那么该产业也已经到达了成熟期。当该产业的规模占比日益下降时，可以判断该产业已经进入了衰退期。

海洋产业生命周期除了具备产业生命周期理论所提到的共通性特点，还具有自身特点，主要体现在以下几个方面。

(1)海洋产业生命周期的演化受海洋资源丰富程度的影响较大，尤其是资源密集型的海洋产业，如海洋渔业、海洋矿业等。随着海洋渔业资源或者矿业资源的变化，这些产业演化速度会加快或者减缓。资源约束会增强海洋产业企业的危机意识，从而其会不断改进技术，提高行业标准，使该产业获得更大的发展动能。

(2)海洋产业受海洋政策影响较大，有利的政策会使海洋产业演化周期受到强有力的催化作用。近几年，在国家层面的海洋强国战略和各沿海省份的“海洋强省”战略指引下，各地区因地制宜发展某几个海洋产业，既避免了同质化竞争，又优化了海洋产业的结构，从而加速了海洋产业生命周期的演化进程。

(3)海洋产业是技术密集型产业,海洋产业的发展离不开海洋科学技术的创新。海洋产业不至于从成熟期迅速落入衰退期的重要保障就是科技进步,科技进步可以促进海洋产业的发展,对其进入升级阶段具有推动作用,有助于实现海洋产业的可持续发展。

由于海洋产业具有二重性,既可以作为国民经济在海洋维度上的投影,被认为是微缩版的国民经济,也可以作为国民经济中一个特定的产业分类来考虑,因此,可以认为经济发展模式理论也同样适用于海洋产业的发展。受篇幅所限,本节只介绍2种典型的经济发展模式理论,并通过对照经济发展的各个阶段,对海洋经济发展的具体情况进行判断。

(二)经济发展阶段理论

罗斯托(1960)将人类社会发展分成6个阶段,即传统社会阶段、为起飞创造前提阶段、起飞阶段、向成熟推进阶段、大规模高消费阶段和追求生活质量阶段。其中,第三和第六阶段是社会发展的2次“突变”,是最有意义的阶段。根据他的理论,判断一个产业是否起飞的重要标志是技术的创新和应用程度。一个产业到达起飞阶段,有赖于3个相互关联的条件:第一,要有较高的资本积累率;第二,要有能带动整个产业发展的主导部门;第三,要进行制度的、社会的、政治的变革。就已有的研究成果来看,我国海洋经济的发展过程可以分为4个主要阶段(吴云通,2016)。第一阶段为1949—1978年,是漫长的产生阶段,也可以解释为经济发展阶段理论中的“传统社会阶段”;第二阶段为1979—2002年,是改革发展背景下的起步阶段,可以解释为“为起飞创造前提阶段”;第三阶段为2003—2012年,是10年快速发展阶段,可以解释为“起飞阶段”;第四阶段为2013年以来,是新常态下的调整发展阶段,可以解释为“向成熟推进阶段”。

在经济发展中起到主要作用的先导部门被称为主导部门,这些部门不仅本身具有较高的增长水平,还对整个经济社会有较大的影响,即对其他产业有较大的前后向波及作用。主导部门对其他部门有带动效应,并且主导部门可以形成规模经济,对内降低生产和销售成本,对外扩大市场范围,提高竞争能力。对照海洋产业,海洋运输业就是这样的主导部门,在其大规模发展时不仅能够降低物流运输费用,更使运输沿线地区也成为海洋经济市场的一部分。且主导部门不是一成不变的,在海洋经济发展的初期,海洋化工业、海洋渔业是主导部门；在起飞阶段，海洋运输业、海洋旅游业为主导部门；在之后的阶段，海洋服务业、海洋科学研究业等部门为主导部门。

经济发展阶段依次更替的原因不仅与主导部门的变化有关，还与人类欲望的不断扩张和技术的不断进步有关。人类欲望是激发经济发展阶段变更的主观因素，只有人类的需求不断扩张，才会促进经济持续发展，技术进步则是经济发展的源泉。对于海洋产业来说，除了主导部门、人类欲望和科技进步之外，典型政策、规划的制定对于推动海洋产业发展阶段的变更同样至关重要。

（三）平衡增长与不平衡增长理论

平衡增长理论的核心主张是：发展中国家想要发展国民经济，就需要对国民经济各部门进行大规模全面投资，使各个部门的经济共同平衡地增长，最终实现国家工业化。该理论主要有3种流派：极端的平衡增长理论、温和的平衡增长理论和完善的平衡增长理论。极端的平衡增长理论认为，各工业部门必须同时按相同的投资率进行大量投资。温和的平衡增长理论认为，投资多少应该参考各部门产品的需求价格弹性和收入弹性，弹性大的部门应该多投资，弹性小的部门应该少投资。完善的平衡增长理论认为应该综合前两派的观点，为促进国民经济各部门共同增长，需要不断扩大投资，但不同部门的投资率应当根据各部门产品的弹性加以确定，这样个别部门就能够得到更多的投资，形成各个部门发展的差异化。如此可以通过个别部门的优先发展来拉动整个经济体的发展，并以此来克服经济发展过程中的瓶颈，最终使国民经济各产业部门能够平衡增长。

不平衡增长理论的核心主张是：发展中国家应当集中有限的资本和资源，优先发展一部分产业，并以此逐步扩大对其他产业的投资，带动其他产业的发展（赫希曼，1959）。就目前的实践来看，基于发展中国家的国情和发展未到成熟期的产业的实际情况，其更加适用不平衡增长理论。而平衡增长理论更适用于经济发展到了一定水平的国家，或者已经进入成熟期的产业。目前我国海洋经济发展仍未到达成熟阶段，主要存在海洋产业同构化、各海洋产业发展不平衡、区域内海洋产业发展不平衡和区域创新能力发挥不充分等问题。针对上述发展现状，我国采用区域发展战略，率先发展东部沿海地区海洋产业，以区域性为特征的海洋经济在我国沿海岸线集聚。另外，我国海洋产业还处于粗放型发展阶段，仍以资源和劳动力密集型产业为主，这些产业虽然科技创新能力不强，海洋产品附加值低，但可以作为主导部门，带动海洋产业整体发展。

（四）海洋产业可持续发展理论

海洋产业的发展离不开海洋资源和海洋生态系统，只有合理开发利用海洋资源和保护海洋生态，海洋产业才能得到可持续发展。海洋产业可持续发展是指在资源不浪费、生态环境不退化的情况下实现海洋产业发展的模式。海洋产业可持续发展理论是一个逐渐形成的过程，早期的研究多论述海洋产业可持续发展的内涵及重要性，简单地研究了实现海洋产业可持续发展的方法。为实现海洋渔业的持续捕捞，Gordon（1954）提出了开放式资源的经济模型。海洋渔业资源属于开放式的公共资源，捕鱼并不会产生经济租金，但渔业中与“养护”“枯竭”和“过度开发”等词有关的大多数问题实际上是海洋自然资源不产生经济租金这一事实的体现，所以引入租金有助于海洋渔业的可持续发展。Kenneth（1966）提出了新的观点：现今陆地资源正在快速消耗，而与之相比的海洋资源却依旧相对充足。这就促进了海洋产业可持续发展理论的发展。张德贤（2000）提出海洋产业可持续发展至少包括 3 层含义，即海洋经济的可持续性、海洋生态的可持续性和社会的可持续性。

随着产业发展理论的日渐成熟，学者们现今多从海洋产业组织形式、海洋产业结构等角度分析海洋产业的可持续发展。

一般来讲，一个产业的组织形式是其实现可持续发展的基础，海洋产业也不例外，海洋产业的发展潜力在相当高的程度上取决于其组织形式和特点。合理的海洋产业组织形式可以促进海洋产业资源配置优化，使各生产要素资源得到充分利用，所以说海洋产业组织形式是海洋产业可持续发展的基石。于谨凯和李宝星（2008）认为，海洋产业越是接近完全竞争的市场结构特点，垄断因素少、进入壁垒低、有效竞争等外生条件对海洋产业可持续发展越有正向促进作用。

一个产业想要实现可持续发展，必须有合理的产业结构，因此，必然要对海洋产业结构做出调整和优化，对那些不符合可持续发展要求的产业以及企业进行严格整改；鼓励企业向海洋绿色产业转型。有学者研究得知，以信息技术和知识经济为支撑的符合可持续发展要求的海洋产业将会给海洋经济发展提供强有力的支撑。以海洋渔业结构优化与海洋渔业可持续发展为例，杨卫等(2018)分析了渔业结构调整和渔民收入之间的关系，结果表明，渔业一、二产业的调整转换可以增加渔民的收入并减少收入差距。张群(2019)研究了渔业产业结构与渔业经济发展的协同关系，论证了渔业结构优化可以促进渔业经济发展。

第三章　海洋经济监测预警理论体系

党的十九大以来，党和国家越来越重视海洋和海洋经济的发展，海洋经济在经济社会发展中的地位也日益突出。为深入贯彻落实党的十九大关于"海洋强国"的战略部署，推动落实《全国海洋经济发展"十三五"规划》关于"加强海洋经济监测与评估，提升海洋经济管理的能力和水平"的要求，需切实提高海洋经济相关工作的信息化水平，并将之作为中国特色社会主义新时代海洋经济管理领域中的一项基础性建设工作。为推动浙江省海洋经济监测与评估工作进展，加强信息化管理水平，本章以海洋经济监测指标体系构建基本思路的明晰、指标体系建立原则的阐述、海洋经济指标的分类和筛选、监测体系的初步筛选和监测体系的完善为主要内容，对海洋经济监测指标体系的构建理论展开探讨。

第一节　海洋经济监测指标体系构建理论

一、构建监测指标体系的基本思路

海洋经济是国民经济体系的重要组成部分，加强对海洋经济运行状态的监测是完善我国经济监测体系的重要工作之一，其要义不言而喻。因此，为实现对海洋经济运行、海洋资源利用、海洋环境保护、海洋灾害评估、海岛经济发展的全方位监测，必须建立相关的海洋经济监测指标体系，以此帮助政府充分掌握海洋经济的运行状况和运行规律，满足其对海洋经济进行宏观调控的需要。

“指标”是能够反映研究对象某方面定性特征和定量数值的综合概念，而“指标体系”是对研究对象内在本质的系统、全面、科学、客观的反映，是多个相关指标的有机组成。通常认为，一个有机系统被指标体系分解为许多彼此独立又具有内在联系的因素，指标的名称与具体数值可以反映出特定因素的“质与量”。一般能够根据指标具体指代的“质”来获得指标的“量”，以体现系统在特定方面发展演变的内在规律。指标的监测功能是其对系统的动态反映，即指标可以在时间和空间上正确反映其代表系统的特征。

因此，为实现海洋经济监测研究中“质”与“量”的统一，海洋经济监测指标体系应是一系列具体反映海洋经济运行状态的指标构成的有机整体。通过监测预警指标体系的设置与测度，可以从整体上客观地评价海洋经济发展变化的水平和差异，为推动海洋经济健康快速发展、及时调控海洋产业结构提供保障。同时，有利于引导海洋经济由注重经济规模和发展速度的发展方式，不断朝注重经济和环境资源协调统一发展的方式转变。

二、构建监测指标体系的基本原则

目前，学界对海洋经济监测指标的选取尚未达成统一观点，仍处于探索研究的阶段。从理论上讲，构建指标体系时，指标越细，越能准确反映海洋经济状况。但是，指标体系庞大、指标过于繁多，会使工作量十分繁重，不利于监测评估的实施。因此，在选取指标时要考虑实际情况，尽可能选取具有代表性和可操作性的指标。鉴于此，海洋经济监测指标体系的建立应基于以下 8 个原则。

（一）科学性原则

科学性原则要求在符合社会、经济、自然等发展规律的基础上建立海洋经济指标体系，并以此进行深入研究。为确保各个指标的计算内容、方法都科学合理，要严谨地设计指标框架和层次，使得监测指标能够反映浙江省海洋经济监测运行的特征以及运行状况。

（二）全面性原则

全面性原则是指建立的海洋经济监测体系要能够反映被监测对象的各个方面。因此，对于海洋经济这样一个复杂的体系，选取的海洋经济监测指标要求有广泛的覆盖范围，且具有代表性，这样才可以全方位地反映海洋经济的实际变化情况。

（三）重要性原则

影响海洋经济的因素有很多，各因素对海洋经济的作用也是不同的。对于体系复杂的海洋经济来说，建立的指标体系不可能涵盖所有的因素，故在考虑指标的科学性、全面性的同时，重要性也是一个非常重要的需考虑的方面。在选取指标时要尽量选择对海洋经济发展有重大影响的指标。

（四）可操作性和可比性原则

可操作性原则是指选取的海洋经济指标要简洁且适用，指标数据在应用于监测预警时要具有可操作性。可比性原则是指为了方便对比和评价，选取的指标在内容上要具有可比性，在时间上要具有连续性，这样可以进行更深层次的探讨。

（五）灵敏性原则

在海洋经济指标体系中，选取的指标要具有高度的灵敏性，能够对海洋经济因各个时期的经济变化、波动而受到的微小影响做出反应，监测结果应始终能够随着经济的变化而做出相应的改变。由此，在经济运行发生微小变动时才能发出相应的指示信号。

（六）及时性与稳定性原则

及时性原则是指应及时得到海洋经济监测预警指标的数据，滞后期不能过长；稳定性原则是指海洋经济监测预警指标的数据应是在一段时间内连续统计得到的，不能出现间断统计或口径变化过大等情况。

（七）海陆一体化原则

海陆一体化原则是指运用系统论的思想把相对孤立的海陆 2 个单元系统联系在一起。一方面，沿海城市的经济发展往往得益于海洋经济；另一方面，海洋经济是周期性发展的，其周期性与总量经济的周期性相吻合，其发展在一定程度上又离不开陆地经济的发展，两者互为补充，互相促进。基于此，海洋经济监测指标体系应同时包括海洋经济和陆地经济。

(八)海洋经济可持续发展及海洋循环经济原则

海洋经济发展最主要的原则是可持续发展，因此在发展海洋经济时，不应仅仅追求海洋经济的GDP增长，更要注重海洋经济发展的可持续性。循环经济是依赖生态资源循环发展的经济模式，是海洋经济发展的新模式。

三、监测指标选择

在以国家标准《海洋及相关产业分类》为参考依据，并遵循上述指标选取原则的基础上，肯定会有很多符合要求的指标。因此，为建立完整而具有代表性的指标体系，必定要对指标进行分类和筛选。对于监测指标，一般有以下2种分类方法。

(一)指标分类方法

1. 判别分析法

判别分析法是多元统计中一种成熟的分类判别方法，在社会经济的各个领域均有广泛的应用。其主要思想是：在已经存在分类标准的条件下，根据研究对象的各种特征值判别其类型归属。例如，海洋经济指标有多种类型，从监测预警这一方面来看就可分为海洋经济总量、海洋经济结构、海洋经济效益、海洋经济发展可持续性等。现在从各类型中各选取一个样本，以这些样本设计出一套标准，对剩下的样本进行判别。判别分析法方便又简单，是大部分指标体系建立的常用方法，但说服力有所欠缺。

2. 聚类分析法

聚类分析法又称为群分析法，是以“物以类聚”的原理，将物理或抽象对象的集合进行分类的一种多元统计方法。聚类分析是在相似的基础上对数据进行分类，其方法有很多种。在聚类方法的选择上，首先要考虑聚类方法中合并或分裂的标准在经济上是否合适，在此基础上可以同时运用多种聚类方法并加以比较，选出最合适的划分类别。

对海洋经济指标进行分类时，可以按如下步骤：首先，选取能反映海洋经济运行状况的全部指标。不失一般性，假设分为甲、乙2种情形。甲作为聚类依据有若干个指标，视为训练集，存疑的或可不必考虑的指标归为乙，视为测试集。其次，将甲集合中的指标做聚类分成几大类，并将聚类结果与实际情况做比较。若相差甚大，则寻找原因并做出相应的调整，直至获得一个合理的分类结果。最后,以第二步所得的分类结果为依据,对乙集合中的指标进行判别分析。

(二)指标筛选方法

在完成指标分类的基础上,为了选取更加符合指标体系构建原则的指标,需要对分类之后的指标进行筛选。常用的指标筛选方法如下。

1. 条件广义最小方差法

给定 p 个指标 $X_1,\cdots,X_p$ 的 n 组观察数据,相应地全部数据用 $\boldsymbol{X}$ 表示,即

$$\boldsymbol{X}=\begin{pmatrix} x_{11} & \cdots & x_{1p} \\ \vdots & \ddots & \vdots \\ x_{n1} & \cdots & x_{np} \end{pmatrix} \tag{3-1}$$

$\boldsymbol{X}$ 是 $n\times p$ 矩阵,其每行代表一个样本值,下标表示数据集有 n 个样本、p 个指标。根据 $\boldsymbol{X}$ 可计算出任一变量 x_i 的均值、方差,以及任何 2 个变量 x_i 和 x_j 之间的协方差,计算公式可分别表示为:

$$\overline{X}_i=\frac{1}{n}\sum_{k=1}^{n}x_{ki} \tag{3-2}$$

$$\sigma_i^2=\frac{1}{n}\sum_{k=1}^{n}(x_{ki}-\overline{x}_i)^2 \tag{3-3}$$

$$\mathrm{cov}(x_i,x_j)=\frac{1}{n}\sum_{k=1}^{n}(x_{ki}-\overline{x}_i)(x_{ki}-\overline{x}_j) \tag{3-4}$$

$X_1,\cdots,X_p$ 的协方差阵是由协方差所组成的,记为 $\boldsymbol{S}$。用 $\boldsymbol{S}$ 的行列式值 $|\boldsymbol{S}|$ 反映这 p 个指标变化的状况,称它为广义方差。易证,当 $X_1,\cdots,X_p$ 相互独立时,除对角线上元素为各个指标方差外,其余元素均为 0,$|\boldsymbol{S}|$ 取得最大值;当 $X_1,\cdots,X_p$ 线性相关时,某一指标可以被其他指标线性表出,$|\boldsymbol{S}|$ 取值为 0;而现实中 $X_1,\cdots,X_p$ 一般不会出现相互独立或者线性相关这 2 种极端情况,一般会介于 2 种情形之间,呈现出一定的相关性,但既不完全独立又不完全线性相关,此时 $|\boldsymbol{S}|$ 数值就能反映这种相关性的大小。

除广义方差外,还有条件广义方差,将 $\boldsymbol{X}$ 分成 $X_{(1)}$ 和 $X_{(2)}$ 2 块,即 $\boldsymbol{X}=\begin{bmatrix} X_{(1)} \\ X_{(2)} \end{bmatrix}$。相应地 $\boldsymbol{S}=\begin{pmatrix} \boldsymbol{S}_{11} & \boldsymbol{S}_{12} \\ \boldsymbol{S}_{21} & \boldsymbol{S}_{22} \end{pmatrix}$,$\boldsymbol{S}_{11}$ 和 $\boldsymbol{S}_{12}$ 分别表示 $X_{(1)}$ 内部的协差阵和 $X_{(1)}$ 与 $X_{(2)}$ 的协差阵。在 $X_{(1)}$ 已知时,可以推导得到 $X_{(2)}$ 对 $X_{(1)}$ 的条件协差阵(假设正态分布):

$$\boldsymbol{S}(X_{(2)} \mid X_{(1)}) = \boldsymbol{S}_{22} - \boldsymbol{S}_{21}\boldsymbol{S}_{11}^{-1}\boldsymbol{S}_{12} \tag{3-5}$$

式(3-5)表示已知 $X_{(1)}$ 时，$X_{(2)}$ 的变化状况。在已知 $X_{(1)}$ 的条件下，$X_{(2)}$ 的变化很小，说明 $X_{(2)}$ 这部分指标可以删去，即 $X_{(2)}$ 中反映的指标信息几乎都可以从 $X_{(1)}$ 中获得。

使用条件广义最小方差法进行筛选，操作方法如下。

第一步，将 $X_1,\cdots,X_p$ 分成两部分，分别为 $X_{(1)} = (X_1,\cdots,X_{p-1})$ 和 $X_{(2)} = X_p$。

第二步，用式(3-5)可以算出 $A_p = S(X_{(2)} \mid X_{(1)})$。类似地，将 X_1 看成 $X_{(2)}$，得到 A_1，以此类推得到 $A = (A_1,A_2,\cdots,A_p)$。

第三步，比较 A_i 的大小，当所得值小于选定的临界值时，考虑删去该指标。

第四步，重复以上过程，若某次过程中未删除任何指标，则停止。

使用条件广义最小方差法进行筛选不仅能保证选取的指标具有代表性，还能保证选出的是不重复的指标集。

2. 极大不相关法

若 X_1 与其余的指标不相关，也就是说 X_1 所提供的信息无法用其他指标来代替，则该指标被保留下来。具体步骤如下。

第一步，利用指标的协差阵 $\boldsymbol{S}$，求出样本的相关阵。

$$\boldsymbol{R} = (r_{ij}) \tag{3-6}$$

其中，$r_{ij} = s_{ij} / \sqrt{s_{ii}s_{ij}}$。$r_{ij}$ 称为 x_i 和 x_j 的相关系数，反映了 x_i 和 x_j 的相关程度。

第二步，更换 $\boldsymbol{R}$ 中的第 i 行与第 j 列的位置，将第 i 行置于矩阵的尾行，将第 j 列置于矩阵的尾列。写出如下形式：

$$\boldsymbol{R} = \begin{pmatrix} \boldsymbol{R}_{-i} & r_i \\ r_i^T & 1 \end{pmatrix} \tag{3-7}$$

其中，$\boldsymbol{R}_{-i}$ 表示去除 X_i 的相关阵。

第三步，假设变量 X_i 与其余变量之间的线性相关程度为复相关系数，记为 ρ_i，有：

$$\rho_i^2 = r_i^T \boldsymbol{R}_{-i}^{-1} r_i \tag{3-8}$$

第四步，计算得到 $\rho_1^2,\cdots,\rho_p^2$ 后，其中最大的一个表示其与其他变量之间的相关性最大，如果超过选定的临界值 D，就可以删去 X_i。

3. 选取典型指标法

在指标过多的时候可以通过聚类进行降维,再在各类中选取典型指标。选取典型指标的方法有很多种,可以通过上述 2 种方法进行选取,但这 2 种方法的计算量都较大,也可以通过简单计算相关系数进行选取,具体步骤如下。

第一步,假设聚为一类的指标有 N 个,记为 $a_1,a_2,\cdots,a_n$ 。计算这 N 个指标之间的相关系数矩阵,有:

$$\boldsymbol{R}=\begin{pmatrix} r_{11} & r_{12} & \cdots & r_{1n} \\ r_{21} & r_{22} & \cdots & r_{2n} \\ \vdots & \vdots & \ddots & \vdots \\ r_{n1} & r_{n2} & \cdots & r_{nn} \end{pmatrix} \tag{3 9}$$

第二步,计算每个指标与其他 $n-1$ 个指标之间的相关系数平方,记为:

$$\bar{r}_i^2=\frac{1}{n-1}\left(\sum_{j=1}^{n} r_{ij}^2-1\right) \tag{3-10}$$

第三步,比较 $\bar{r}_i^2$ 的大小,若 $\bar{r}_k^2=\max\limits_{1\leqslant i\leqslant n}\bar{r}_i^2$,则 a_k 即为 $a_1,a_2,\cdots,a_n$ 的典型指标。若需要多个指标,则可以从剩下的指标中继续选取。

(三)海洋经济监测指标的敏感性分类(景气指标分类)

1. 3 类指标概念确定

海洋经济运行的变化具有一定的规律性,并且这些变化会通过敏感性指标反映出来。可以参照宏观经济波动中的繁荣、衰退、萧条、复苏 4 个阶段,按周期循环的时间性将这些敏感性的指标区分为如下 3 类。

(1)先行指标。先行指标是指在宏观经济分析中,相对于国民经济周期波动,在时间线上领先的指标,即在国民经济增长或者衰退之前就发生变动的指标。因此,在海洋经济监测过程中,先行指标是指达到峰值或谷值的时间位于经济活动发生经济转折前的指标。海洋经济的先行指标在海洋经济总体增长或衰退之前就已经发生变化,对分析海洋经济具有重要作用。利用这类指标能够预测经济周期的转折点,估计经济活动的增减程度,并推测经济的波动趋势,对海洋经济的未来状况进行预警。

先行指标的确定标准是:与海洋经济基准指标各个周期中的峰值相比,其先行指标的峰值出现的时间至少提前 3 个月,且在最近的 3 次周期波动中,至少有 2 次出现上述情况。因为先行指标在宏观经济波动中率先到达峰值或谷值，所以主要适用于判断短期经济的景气状况。可以利用先行指标来判断是否存在不安定因素及其程度，进而进行预警和监测。

(2)一致同步指标。同步指标是指在国民经济周期性增长或者衰退时同步发生变动的指标，这类指标达到峰值或谷值的时间与海洋经济活动发生经济转折的时间几乎同步。可以通过海洋经济的同步指标判断当前海洋经济总体处在何种状态或趋势，并能够与先行指标相互印证，以此判断先行指标的预测结果是否正确。

一致同步指标的确定标准是：与海洋经济基准指标各个周期中的峰值相比，其峰值出现的时间差别在2个月以内。从经济意义上看，这一指标虽然不能像先行指标那样进行预测，但由于其与基准指标循环同步变动，因此可以利用它来判断当前经济变化的总体趋势。

(3)滞后指标。滞后指标是指在宏观经济分析中，在时间线上落后，即在国民经济增长或者衰退之后才发生变动的指标。滞后指标的变动是对总体经济运行状况的一种确认，有助于对先行指标的结果进行验证，并预测下一循环的变化。

滞后指标的确定标准是：与海洋经济基准指标各个周期中的峰值相比，其峰值出现的时间至少落后3个月。从经济意义上分析，滞后指标是在经济波动发生滞后才起作用的指标，滞后指标的作用主要是判断海洋经济波动周期是否完成。

2. 识别3类指标的方法

设 q 个构成指标 $x_1,\cdots,x_q$，有足够长的月度指标 $x_{1t},\cdots,x_{qt}$。不妨假定 x_1 为同步指标之一，它的基准循环周期为 N 个月，即 t 可取 $1,\cdots,N$ 中的任意值。记 $x_{it}(L)$ 为 x_i 在 t 时刻向前或者向后移动 L 个月（当 L 为正时向前移动，为负时向后移动）的值。特别地，

$$x_{it}(L)=x_{it}(i=1,\cdots,q;t=1,\cdots,N;L=-12,\cdots,-1,0,1,\cdots,12) \tag{3-11}$$

假定对这里的所有指标都进行了标准化处理，并将得到的结果进行了季节因素的调整，即与上年同月相比得到的增长率。

(1)灰色关联分析法。灰色关联是指2个系统之间因素发展趋势的相似或相异程度，用灰色关联度来划分先行、一致同步和滞后指标，具体步骤如下。

第一步，确定反映系统行为特征的参考曲线和影响系统行为的比较曲

线。在时间轴上绘制每个指标的曲线，记为 $x_i(L)=(x_{i1}(L),\cdots,x_{iN}(L))$。这些曲线分别描述了各指标随时间的变化趋势。将海洋经济总量指标的曲线 $x_1(0)=(x_{11}(0),\cdots,x_{1N}(0))$ 作为参考曲线，其他曲线则作为比较曲线。

第二步，求参考曲线和比较曲线的关联系数 $\xi_{it}(L)$，关联系数满足：

$$\xi_{it}(L)=A/B\ (i=1,\cdots,q;t=1,\cdots,N;L=-1,0,1,\cdots,12) \tag{3-12}$$

$$A=\min_i\min_t|x_{it}(0)-x_{it}(L)|+0.5\max_i\max_t|x_{it}(0)-x_{it}(L)| \tag{3-13}$$

$$B=|x_{it}(0)-x_{it}(L)|+0.5\max_i\max_t|x_{it}(0)-x_{it}(L)| \tag{3-14}$$

第三步，求关联度 ρ_{iL}。由于每条曲线与参考曲线之间的关联系数往往不止一个，信息庞大且过于分散时不便于比较，因此用各时间点上的关联系数的平均值来表示关联度。每条曲线与参考曲线的差别越大，关联程度就越小，2 条曲线之间的趋势差距也就越大。对于第 i 个指标 x_i，计算它向前或者向后移动 L 个月后与同步指标 x_1 的关联度，记为：

$$\rho_{iL}=\sum_{t=1}^{N}\xi_{it}(L)/N \tag{3-15}$$

需要注意的是，当 $L=0$（即不移动）时，$\xi_{it}(0)$才符合上述关联系数的概念，它代表在时间 t 时比较曲线 $x_i(0)$与参考曲线 $x_1(0)$的相对差值。同时，$\rho_i(0)$也符合上述关联度的概念，它表示比较曲线 $x_i(0)$与参考曲线 $x_1(0)$的平均相对差值，即 $\xi_{it}(0)$在 N 个时刻上的平均值。当 $L\neq0$（即移动）时，$\xi_{it}(L)$ 和 ρ_{iL} 分别表示两者在时间上的延伸，记 $\rho_{iL0}=\max_L\rho_{iL}(i=1,\cdots,q)$。

故判断第 i 个指标 x_i 是先行指标、一致同步指标还是滞后指标可参考如下标准：

① 若 $L_0\leqslant-3$，则 x_i 为先行指标，先行 $-L_0$ 个月；

② 若 $-2\leqslant L_0\leqslant2$，则 x_i 为一致同步指标；

③ 若 $L_0\geqslant3$，则 x_i 为滞后指标，滞后 L_0 个月。

(2)模糊集中的贴近度。模糊集中的贴近度是指对 2 个子集之间相似程度的度量，是模糊数学中的一个概念，可用来判断某一指标属于先行指标、一致同步指标还是滞后指标。

假设海洋经济指标值为模糊数，即对这些指标可以进行模糊化处理。设 $A_i(L)$ 为某一时间点上由各指标值确定的一个模糊向量的集合，记为 $A_i(L)=\{x_{i1}(0),\cdots,x_{iN}(L)\}$。令同步指标的模糊向量集 $A_1(L)=$

$\{x_{11}(0),\cdots,x_{1N}(L)\}$ 为参考模糊向量集，其他则称为比较模糊向量集。映射 $\sigma_{iL}:A_i(L)\times A_i(L)\to[0,1]$ 叫作 $A_i(L)$ 上的一个贴近度，如果满足下列条件：

①对任何 $A_1\in A_i(L)$ 有 $\sigma(A_1,A_1)=1$；

②对任何 $A_1,A_2\in A_i(L)$ 有 $\sigma(A_1,A_2)=\sigma(A_2,A_1)$；

③若 $A_1,A_2,A_3\in A_i(L)$，且 $A_1\in A_2\in A_3$，则 $\sigma(A_1,A_3)\leqslant\sigma(A_1,A_2)\leqslant\sigma(A_2,A_3)$。

则称 $\sigma(A_1,A_2)$ 为 A_1 和 A_2 的贴近度。

2 个模糊集的贴近度越接近 1，说明它们越贴近；反之，2 个模糊集越接近 0，说明它们越疏远；当 2 个模糊集的贴近度等于 1 时，两者完全相同。由于这里的模糊集合是由时间上的各指标值构成的，因此，两者之间的贴近度越接近 1，则说明两者的变化趋势越接近。将第 i 个指标 x_i 的模糊向量集 $A_i(L)$与参考模糊向量集 $A_1(0)$之间的贴近度记为：

$$\sigma_{iL}=\sum_{t=1}^{N}(x_{1t}(0)\wedge x_{it}(L))/\sum_{t=1}^{N}(x_{1t}(0)\vee x_{it}(L))\quad(i=1,\cdots,q;L=-12,\cdots,-1,0,1,\cdots,12)\tag{3-16}$$

注意：当 $L=0$(即不移动)时，$\sigma_{it}(0)$ 才可以称为贴近度，表示比较模糊向量集与参考模糊向量集中 N 个元素的平均贴近程度，即第 i 个指标 x_i 与同步指标 x_1 在基准循环 N 个时刻上的平均接近程度。当 $L\neq 0$(即移动)时，σ_{iL} 则是 σ_{i0} 在时间上的拓展，$\sigma_i L_0=\max\limits_{L}\sigma_{iL}$。

故第 i 个指标 x_i 的判断如下：

① 若 $L_0\leqslant -3$，则 x_i 为先行指标，先行 $-L_0$ 个月；

② 若 $-2\leqslant L_0\leqslant 2$，则 x_i 为同步指标；

③ 若 $L_0\geqslant 3$，则 x_i 为滞后指标，滞后 L_0 个月。

(3)时差相关分析法。时差相关分析是指在基准指标基础上，使用时间序列分析研究变量在时间上的相关程度，并以此判断研究变量与基准变量的关系，即是先行关系、同步关系，抑或是滞后关系。这一方法需要找到一个可以反映经济繁荣变化的变量，由于 GDP 没有月度数据，该变量一般采用工业增加值。接着需要确定基准指标，然后根据选择的基准指标，将需要确定的指标平移若干期后计算相关系数，主要步骤如下。

第一步，计算时差相关系数。

$$r_m = \frac{\sum_{i=1}^{n}(x_{i-m}-\bar{x})(y_t-\bar{y})}{\sqrt{\sum_{i=1}^{n}(x_{i-m}-\bar{x})\sum_{i=1}^{n}(y_t-\bar{y})}}(m=0,\pm 1,\pm 2,\cdots,\pm M) \tag{3-17}$$

第二步,计算 M 个不同滞后期下的时差相关系数。

第三步,比较各相关系数,取最大值 $r_{m'}=\max\limits_{-M<t<M} r_t$。

第四步,选择最大时差相关系数所对应的滞后阶数。

第五步,根据滞后阶数确定先行、同步或滞后的关系。

其中,$y_t=\{y_1,y_2,\cdots,y_n\}$ 为基准指标,$x_t=\{x_1,x_2,\cdots,x_n\}$ 为备选指标,n 为数据取齐后的数据个数,r 为时差相关系数,m 为滞后或超前阶数。$m=0$ 代表研究指标不移动时期,此时 x_t 与基准指标同期,计算的是两者处于同一时间上的相关性;$m>0$ 代表研究指标在时序上向后移动,得到的是 x_t 与基准指标的滞后相关性;$m<0$ 代表研究指标在时序上向前移动,得到的是 x_t 与基准指标的先行相关性。一般计算出所有不同延迟数的时差相关系数 $r_t(-M<t<M)$ 时,对其进行比较并得出最大时差相关系数:$r_{m'}=\max\limits_{-M<t<M} r_t$。$r_{m'}$ 被认为反映了 x_t 与 y_t 的时差相关关系,相应地 m' 是先行或滞后阶数。

时差相关分析法的优点在于简单易算,可计算出相关系数,得到指标的先行或者滞后阶数,同时确定先行、同步或者滞后关系。因此,时差相关分析法得到了广泛的应用。然而,经济关系是错综复杂的,时差相关分析法仅仅从相关系数上进行变量类型的确定,一般难以得到精确的结果。因此,在得到时差相关系数后,应根据经济运行的具体状况对数据进行格兰杰因果关系检验,不单单从相关关系上,还要从因果关系上确定研究变量属于先行变量、一致同步变量还是滞后变量。

注意:①各指标时差相关系数一般大于 0.5;②各指标相关系数序列呈现周期性波动;③相关系数大小与符号无关;④先行指标和滞后指标的时差大于 3 个月。

(4)K-L 信息量法。20 世纪中叶,统计学家 Kullback 和 Leibler 共同提出了 K-L 信息量,主要用来判别概率分布之间的接近程度。其可以用来检验待定变量和基准指标之间的时差对应关系,因此广泛应用于景气指标的选取中。其基本做法如下。

第一步,对基准指标 $y_t=\{y_1,y_2,\cdots,y_n\}$ 和待定指标 $x_t=\{x_1,x_2,\cdots,$

$x_n\}$ 进行标准化处理。

$$p_i = y_i / \sum_{j=1}^{n} y_j (i = 1,2,\cdots,n) \tag{3-18}$$

$$q_i = x_i / \sum_{j=1}^{n} x_j (i = 1,2,\cdots,n) \tag{3-19}$$

第二步，计算 $2m+1$ 个不同滞后期下的 K-L 信息量。

$$k_m = \sum_{t=1}^{n_m} p_i \ln(p_t / q_{t+m}) (m = 0, \pm 1, \pm 2, \cdots, M) \tag{3-20}$$

第三步，比较各信息量，取最小值 $k_{m'} = \min\limits_{-M \leqslant m \leqslant M} k_m$。

第四步，选择最小信息量所对应的滞后阶数。

第五步，同基准变量比较滞后阶数，进而确定两者之间的关系。

其中，m 表示待定变量 x_t 与基准变量 y_t 比较时移动的阶数，$m=0$ 代表研究指标不移动时期，此时 x_t 与基准指标同期，计算的是两者处于同一时间上的相关性；$m>0$ 代表研究指标在时序上向后移动，得到的是 x_t 与基准指标的滞后相关性；$m<0$ 代表研究指标在时序上向前移动，得到的是 x_t 与基准指标的先行相关性。$k_{m'}$ 反映了待定变量 x_t 在 $-M$ 与 M 之间与基准变量 y_t 最贴近的近似分布，m' 就是对应的在时序上向前或者向后移动的阶数。若得到的 K-L 信息量值较小，通常会将其扩大 10000 倍后再进行比较。

由上述内容可知，K-L 信息量的计算与时差相关分析法有类似之处，两者也有共同的缺点，即仅仅从相关关系上进行指标类型的确定。因而，由该方法得到的结果并不一定准确，同样需要从经济理论和数据上进行进一步分析。

(5)峰谷对应法。峰谷对应法是指利用观察到的波动转折点来确定指标类别，一般有以下 2 种方式。

①转折点比较。即观察指标波动的转折点，将转折点对应的指标时间与基准变量进行比较，得到指标的类型。

②画图比较。一种是用分类指标作时序图，在图上标明基准时间线，用“P”表示波峰、“T”表示波谷。“P”和“T”之间的时间间隔即为一个波动周期的长度。另一种是选择一个具有较高灵敏性的指标作为基准指标，该指标能够反映海洋经济的同步波动，用基准指标与被选指标制作时序图，将两者进行对比就能确定指标的先行、同步、滞后的时间差别程度。

(6)马场法。马场法是以基准指标的波峰、波谷为基础，通过研究计算峰谷间的联系，分析指标循环状态，进而判断研究指标属于 3 类指标中的哪一种。

马场法是将 3 个循环分为 9 段,将“谷—峰—谷”作为一个循环周期,将一个循环周期平均分割成 3 个阶段,并得到研究指标在每一个阶段上的均值,如此计算求得 9 个均值后,对求得的各个阶段均值进行对比,综合考虑循环波动特征。该方法具有一定的局限性,只适用于那些严格符合马场法要求的循环变动的指标。但在现实生活中很少有指标能够符合这样严格的要求,单纯使用该方法,可能会导致较为理想的指标未被选入。

四、监测指标体系的筛选

监测指标体系的筛选方法有综合法、分析法、交叉法等多种方法。

(一)综合法

综合法是运用聚类的方法,按照一定的标准使已经存在的指标系统化,进而得到指标体系的方法。目前有较多专家学者都在研究讨论有关海洋经济监测的问题(殷克东等,2011;林香红等,2013),总结不同观点的精华之处,便可在已有研究的基础上构造出相对全面的海洋经济监测指标体系。因此,综合法对推进现今的海洋经济监测指标体系有较大帮助。

(二)分析法

分析法是构造指标体系最基本、最常用的方法。运用该方法时需要将监测指标体系划分成若干个子系统,每个子系统都有各自的监测目的与监测内容,并继续在各个子系统的基础上不断进行细分,直到每个子系统都可以用具体的统计指标来描述和实现。具体流程如下所示。

第一步,合理解释海洋监测问题的内涵,明确海洋监测的总体目标和子目标,划分各个子系统。对海洋经济进行监测,首先要明确“什么是海洋经济”“从哪几个角度进行监测”。一般来说,我们可以从海洋经济宏观发展情况、海洋防灾减灾建设情况、海岛及开发区经济运行状态和海洋防灾减灾落实情况等方面进行监测。以上所列主要监测内容,也是对监测目的的分解。分解结构如图 3-1 所示,其中的子目标或子侧面通常也称为“子系统”“模块”或“功能”。

第二步,对每一个子目标或概念进行分解,越是复杂的监测问题,分解就越为重要。例如,对于海洋经济宏观发展情况的监测,可以细分为海洋经济总量及结构、海洋经济质量、海洋经济可持续发展等子目标。

第三步,重复第二步,直到每一个侧面或子目标都可以直接用一个或几个明确的指标来反映。

第四步,选择每一子层次的指标。需要指出的是,这里的"指标"是广义的,并不局限于社会经济统计学意义上的可量化指标,还应该包括一些"定性指标",从某种意义上讲,更像"标志"。

最后得到如图 3-1 所示的层次结构。在经济监测实践中,主要是树形结构,但个别情况下可能是网状的层次结构。

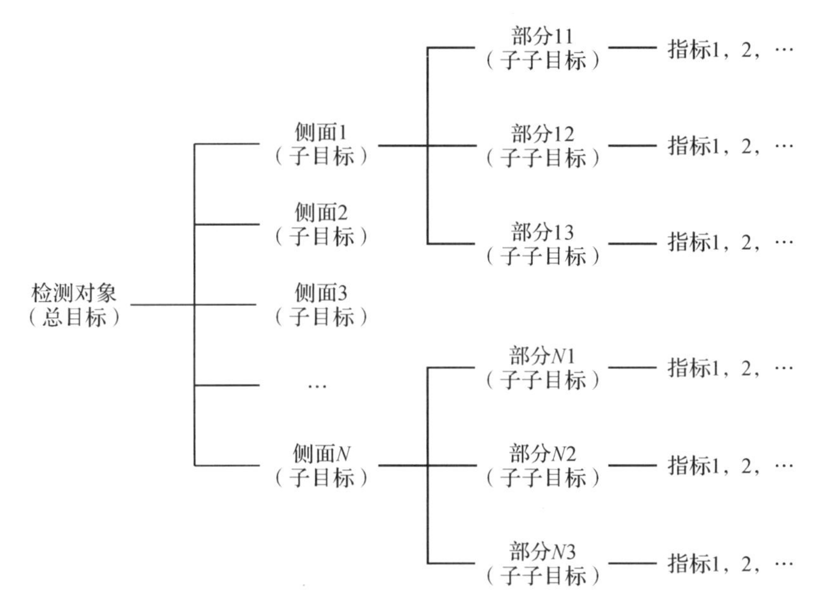

图 3-1　监测指标体系的层次结构

(三)交叉法

交叉法也是构造监测指标体系的一种思维方法,通过二维或三维甚至更多维的交叉,派生出一系列的统计指标,从而形成指标体系。例如在设计海洋经济效益监测指标体系时,我们常常采用"投入"与"产出"的交叉对比,获得指标体系。因为海洋经济效益就是投入与产出指标的对比关系,所以在设计这类指标体系时,我们可以将所有投入与产出指标列示出来(尽量全面),将它们通过矩阵形式进行两两比较,就可得到"海洋经济效益"指标,对比方式如图 3-2 所示。

	投入指标
产出指标	交叉点为“海洋经济效益”统计指标

图 3-2 海洋经济效益指标体系的交叉生成法

五、监测指标体系的调整与完善

从元素上看，筛选只是给出了海洋经济监测指标体系的“指标可能全集”，但一般不是“充分必要的指标集合”；从结构上看，筛选指标体系结构更加强调的是目标与概念的划分，却没有体现指标之间数据上的亲疏关系与相似关系，且也未必符合特定监测方法的要求。因此，必须对筛选的指标体系进行完善化处理。就完善的内容看，包括“指标体系测验”与“指标体系结构优化”2 个方面。因此，这个过程也可称为监测指标体系的测验与结构优化。

(一)指标体系测验

监测指标体系测验首先应明确指标体系设计的目标，因为它是指标测验的依据。一般来说，海洋经济监测指标体系的测验主要从监测海洋经济运行目的的完整性、正确性、可行性入手，注重监测体系的实现功能。此外，还要注重监测体系中指标的必要性，在不失全面性的情况之下，尽量减少体系中指标个数，注重指标体系的监测、决策功能的发挥。

就测验内容而言，海洋监测指标体系的测验不仅要保证指标体系中的每一单个监测指标的科学性，还要保证指标体系整体上的科学性。因此，海洋经济监测指标体系测验应包括两部分内容：单体测验和整体测验。其中，单体监测指标的测验方法包括关联性测验、方向性测验、关键点测验、可行性测验；指标体系的整体测验则包括协调性测验、必要性测验和齐备性测验。

就测验方法而言，可以是定性的，也可以是定量的。定性测验的优点是能准确把握海洋经济监测的本质。对监测对象的价值水平、质量高低、状态好坏等进行定量判断分析与比较，能够充分发挥人的主观能动性，缺点是“客观性”差一些；定量测验的优点是其“客观性”较强，通过定量测验可以发现定性测验无法察觉的一些问题，如指标之间的重叠度太高或区分度太低。显然，定性测验一般是在监测指标的“设计形态”下进行的，定量测验则是在监测指标的“完成形态”下进行的。相较而言，监测指标体系测验应以定性测验为基础，以定量测验为补充。值得注意的是，不应过分依赖定量测验，因为无论用什么数学方法进行指标筛选，都不能代替人的主观判断，否则很可能得出十分荒唐的结论，导致指标体系的“全面性”受损。

(二)指标体系结构优化方法

海洋经济监测指标体系结构优化主要从层次“深度”、每一层次指标个数、是否存在网状结构等方面进行，同样可以采用定性与定量分析相结合的方法。对于海洋经济监测指标体系，结构优化也是相当重要的。优化内容与方法主要有以下几种。

1. 指标体系结构齐备性分析

齐备性测验主要是针对指标层进行的分析，而从整个指标体系结构看，齐备性分析主要是检查监测目标的分解是否出现遗漏，有没有出现目标交叉导致结构混乱的情况。重点是对平行的结点(子目标或子侧面)进行重叠性与独立性的分析，检查是否存在平行的某一个子目标包含了另一个或几个子目标的部分或全部内容。若出现这种包含关系，则有 2 种处理方法：一是进行归并处理，就是将有重叠的子目标合并成一个共同的子目标；二是进行分离处理，将重叠部分从中剥离出来。指标体系结构齐备性分析一般采用定性分析的方法进行，在这个过程中，专业知识起最主要的作用。

2. 监测指标体系层次“深度”与“出度”分析

海洋经济监测指标体系的层次数(层次“深度”)与指标总个数以及每一上层直接控制的下层个数有关。采用图论中的术语，每一上层控制的下层单位个数称为“出度”，控制该下层的直接上层个数称为该下层的“入度”。监测对象概念的复杂程度较高，则层次数可以多一些，但层次数过多，每一层次内部指标个数就会减少。显然，层次“深度”与“出度”之间是相互制约的，举一个极端的例子：对于完全 M 叉树(每一结点的“出度”都为 M)，总层次数为 L(含最底层的叶指标)，则可容纳的指标个数 $P=M^{L-1}$ 。根据经验，一般的监测指标体系层次“深度”(包括最底层的指标层)在 3 层是比较合理的，层次过多反而会使监测问题的因素分析(即从不同侧面变动对总变动影响构成的角度进行因素分析)变得复杂。一个初选的指标体系结构，若“深度”或“出度”不太合理，则可以通过归并或分割的方式进行优化。

3. 指标体系结构的聚合情况分析

从系统结构看，监测指标体系中各子体系的指标既然是一个“类”，就必然有合理的或科学的依据保证它们“可以聚合在一起”。系统结构聚合有多种类型，如“功能聚合”“顺序聚合”“暂时聚合”“机械聚合”等。在监测指标体系中，有 2 种可以使用的聚合方式：功能聚合和相关度聚合。

功能聚合，是指将监测同一侧面或实现同一目标的单项指标放在一个模块之内，而将监测目标不同的指标放入不同的模块之中，所有的指标体系都必须依此进行聚合。

相关度聚合，是指将彼此之间相关程度或相似程度高的监测指标聚在一个模块之中，而将不太相似的指标放入其他类。相关度聚合只适用于对最底层指标的再分类，且只能对层内指标进行相关性聚类，而不能对所有指标进行一次性聚类。

4. 监测指标体系网状结构分解

最简明的监测指标体系层次结构应该是树形结构，即没有回路的图。但由于海洋经济相关统计指标有时存在多义性，以及海洋经济监测目标的多样性，从而海洋经济监测指标体系结构中出现了“回路”，即一个模块或指标的“入度”大于 1 的情况。这种网状结构虽然未必就是不合理的，但让人不容易清晰把握每一个侧面的监测效果。并且，在某些情况之下，这种“回路”的出现表明上一层的分类中可能存在不合理的聚合情况。因此，一种简化的做法是仿效数据结构理论中的“层次型数据库”技术，通过设置“逻辑儿子”的方法使评价体系在结构形式上“树形化”。例如，对于图 3-3 中的监测体系结构，指标 C、指标 X 具有双重评价功能，同属 2 个不同的监测子目标。这样指标 C、指标 X 的“入度”就大于 1。这是一个网状的综合评价指标体系。实践中可以直接使用这一指标结构进行监测，也可以通过一定方法将之转化为树形层次结构。

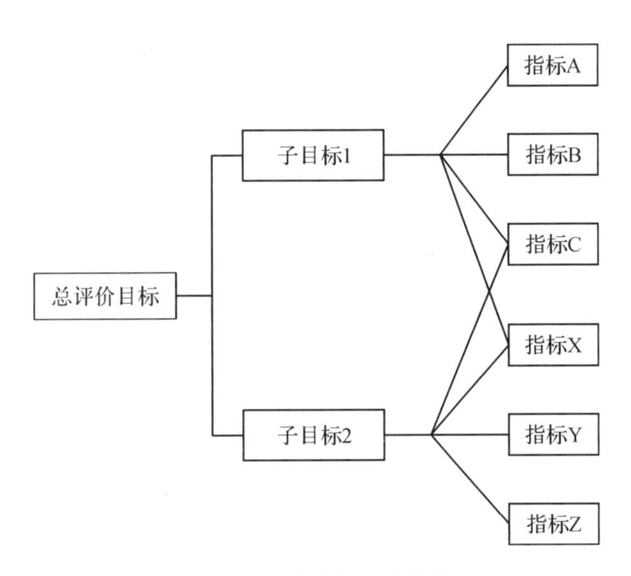

图 3-3　网状指标层次结构

本书提供了 2 种方法进行树形化:一是将上层子目标扩充为 3 个,就是将公共部分独立成为第三个子目标,此时原来的 2 个子目标的功能含义可能需要做适当的调整。这也说明原来的子目标聚合时有可能存在不合理的情况,因为目标之间存在交叉。调整结果如图 3-4 所示。二是通过"复制"方式增加"逻辑结点",将网状结构展开为树形结构,如图 3-5 所示。这种变动不影响原子目标的功能含义。

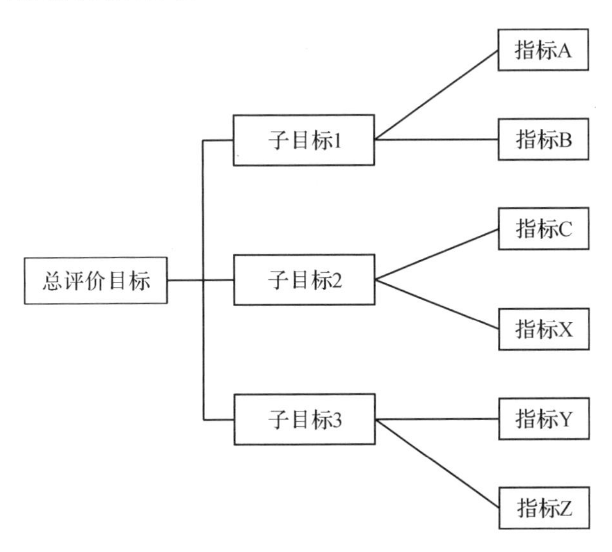

图 3-4　子目标分割之后的指标层次结构

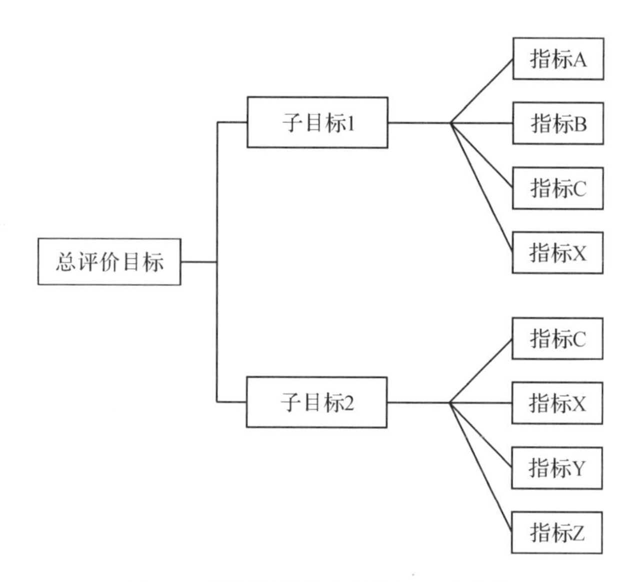

图 3-5　设置逻辑结点的指标层次结构

第二节　海洋经济预警概述

预警有预先告警的意思，意指引起注意和使人警惕。预警的方法用以描述某个预警要素的现状并预测这一要素在未来的变化趋势，以预测出异常状态的波及范围、持续时长及其危害程度为目的。预警最初用在战争、自然灾害和恐怖袭击上，这些都关系到人类的生死存亡。预警是一个动词，依赖于预警系统而发挥作用。预警系统由信息通信系统与包括事件监测和决策子系统的传感器共同组成，该系统对那些破坏物理世界稳定性的不良影响做出预测和有效处置，减少不良影响的危害，并为系统响应争取时间。万里长城就是一个典型的军事预警系统，它在抵御北方游牧民族入侵中发挥了重要的作用。第二次世界大战时，英国人发明的雷达系统在保卫英伦三岛中也立下了汗马功劳。在和平年代，预警系统在生活中有着更多的体现，如地震预警系统、海啸预警系统、空气质量预警系统等。

一、海洋经济预警的相关概念

(一)警情

经济现象发展变化过程中不符合一般规律、可能导致损失的异常现象称为警情,它是预警研究中的主要客体。在海洋经济中,警情就是海洋经济系统发展中历史遗存的或者潜在的可能不利于系统发展的各种问题。具体而言,海洋经济系统警情可以包括海洋污染、海洋资源不合理利用、海洋气候异常等现象。

(二)警源

产生警情的根本原因称为警源,它在预警分析中具有重要地位。想要妥善处理好各种警情,就必须要对产生警情的警源有充分了解。警源可以分为系统内在警源和系统外在警源。在海洋经济领域,内在警源是海洋经济内部因素的有机而复杂的变化,这些内部因素包括各地海洋经济发展的规模和结构。外在警源包括社会宏观经济形势和政策、外在环境等。它们在相互交织、相互作用下对海洋经济产生重要影响。

(三)警兆

警兆是一种特殊的预警指标,是各类指标中唯一能够直接预示警情到来的指标,因此在构建预警指标体系时一般将之作为主要组成部分。在人类漫长的实践中,人们逐渐发现所有事物是相互联系的,在某一现象发生之前往往伴随着另一种现象的发生,即一般现象发生之前都会有所预示。我们可以认为任何警情都有其警兆,只要及时捕捉警兆并研究分析其区间,就能够在一定程度上预测警情。警兆是警源转化为警情的表现,可以是警源的扩散,也可以是警情扩散过程中产生的其他相关现象。

(四)警度

警度是指警情的严重程度,是经济预警的定量分析结果,是预警工作的最终产出形式。警度一般可用 5 个级别来表示:无警警度及轻警警度(绿灯区)、中警警度(蓝灯区)、重警警度(黄灯区)和巨警警度(红灯区)。

(五)警区

警区是指警兆的变化范围,其具体区间的确定是预警工作中最为困难但同时也是最为重要的工作。确定警区通常是运用各种定性与定量方法划定其静态或动态的安全变化区间即安全警度,若测算得到的结果超过了安全警度就可以认为出现了警情。

(六)警点

警点是由量变到质变的临界点,是在安全与危机之间的一条警戒线。

二、监测预警的一般步骤

第一步,确定警情。警情是在预警前需要确定的监测和预报的内容。警情的确定是监测预警工作的前提,只有在明确警情的情况下,才能开展监测预警工作。

第二步,寻找警源。确定了警情之后,必须尽快寻找警源,只有确切地找到了警源才能从根源入手解决警情。但警源一般是内外因素交织而成的,形成原因错综复杂,需要有深厚的专业知识才能找到警源。

第三步,分析警兆。警兆是在对警源描述和归纳的基础上,依据一定的原则遴选出来的,最能反映警情的各种预兆,具体可以表现为各种指标,是预警指标体系的主要组成部分。

第四步,预报警度。警度是基于预警指标体系通过各种方法计算而来的综合指数,是经济监测预警工作的最终产出结果。

三、海洋经济监测预警方法

根据预警机制的不同,经济预警的方法可分为如下几种。

黑色预警法,由指数预警和周期预警综合构成,只考虑预警要素的时序变化规律,不考虑警兆。

红色预警法,一般采用定性分析,引入警兆并综合考虑各种外部经济因素进行全面分析,在进行时间轴上的对比研究时,注重专家学者的专业经验。主要包括专家预警法和预期调查法。

绿色预警法,在自然科学领域应用较多,是伴随着遥感技术的发展而提出的,通过遥感结果掌握变化趋势,并对研究内容未来状况和变化的趋势进行预测的预警机制。

白色预警法，一般要求较高，需要基本了解警情产生的原因，再通过计量方法进行预警预测。

黄色预警法，是目前应用最为广泛的一种预警方法，是一种考虑事物间因果关系、逐渐预警的方法。需要对警兆进行监测分析，并以此进行预警。主要分为指数预警法、综合模拟法和模型预警法。（又分为计量模型法和非计量模型法）

上述预警方法中，白色预警法实现要求较高，且目前尚不完善；绿色预警法需要借助遥感技术；黑色、红色和黄色预警法在社会经济领域应用较为成熟，其中黄色预警法更加全面，更加适用于经济预警实践，也应用最多、最广（见图 3-6）。由于篇幅所限，本节仅对黄色预警法的几种方法进行主要介绍。

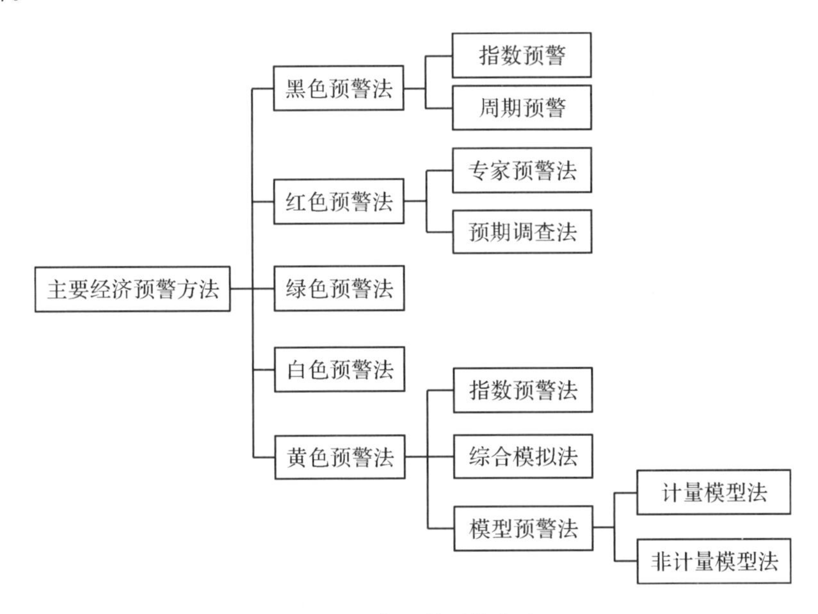

图 3-6　主要的预警方法

（一）指数预警法

指数预警法是目前发展最为成熟且应用最为广泛的预警方法，一般依据研究得到的警度或者警兆指标计算结果进行预警。该方法简单易行、操作性强，主要包括警情分析法、景气指数法和景气警告指数法，其中景气指数法的研究历史最长，在国际上的应用也最为广泛。

警情的发生通常会伴随着多个警兆的出现，一个警情指标往往会有多个警兆指标，预警指标体系一般只含有少数警情指标。因此需要对警兆指标进行综合，合成先行指数、一致同步指数和滞后指数，并在此基础上进行预警。具体有2种综合方法：①扩散指数 DI，即处于上升趋势的警兆指标数在总警兆指标数中的占比；②合成指数 CI，即通过编制总指数的方法，先对警兆指标进行标准化处理，再通过一定方法确定各个指标的权重，最后得到加权总指数，该指数的变化可以用来判断警情的变化。

1. 扩散指数 DI

扩散指数的基本理论依据是，经济部门之间总是紧密联系的，各部门间的经济活动会将整体经济景气情况加以传递和扩散。经济波动首先从某些部门开始，继而通过部门间的经济活动向其他部门波及和渗透，当然也有可能是领域间的扩散或者地区间的扩散。然而，任何经济个体的变动都不能代表经济整体的变动，两者存在时间上的差异。当经济处于扩张期时，经济社会中的多数相关指标都会呈现出上升趋势。当经济周期进行到接近波峰时，会有部分指标转而开始下降，并且这种趋势会慢慢扩散，会有越来越多的指标呈现出下降趋势，逐渐影响到社会经济的各个领域。当真正到达波峰时，呈现上升趋势的指标在理论上应与呈现下降趋势的指标相等，这就是经济景气的转折点。在转折点后进入衰退期，多数指标开始呈现出下降趋势直至走入经济周期的谷底，再往后随着经济复苏，部分指标开始上升，如此周而复始、循环往复。

扩散指数就是判断在经济整体中何种趋势的指标占据上风，并将其动向作为景气波及和渗透的过程。对各个指标的动向进行综合就可以把握经济整体的景气情况，利用该指数对宏观经济整体波动方向等进行预测一般会优于只依赖单一经济指标的预测。扩散指数一般以处于上升趋势的指标数在总指标数中的占比来反映宏观经济趋势。具体计算中，扩散指数等于第 t 个月时扩张指标数占研究所选取的总指标数的比例。

$$DI = \frac{\text{扩张指标数}}{\text{总指标数}} \times 100\% (t = 1,2,\cdots,n) \tag{3-21}$$

扩散指数以50%作为分界线，当 DI 值大于50%时，说明经济周期开始进入扩张阶段，经济开始复苏；当 DI 值小于50%时，说明经济开始转折进入萧条时期，经济周期开始进入下降阶段。

当然，扩散指数虽然简单易得，但在实际应用时也需要注意下面几点。

(1)扩散指数百分比的大小没有意义，不能代表经济周期波动的强弱程度，即不能测定经济波动振幅，只需要根据其值是大于还是小于50%来判断经济活动的发展趋势。

(2)为避免不规则变动和季节变动的干扰，在判断经济指标是否处于扩张状态时，应使用3个月的扩张指标数进行比较，以确定经济指标是否处于上升趋势。

(3)由于扩散指数是基于警情出现之前的警兆得来的，因此扩张指标数曲线的转折点应在景气基准转折点前出现。

2. 合成指数 CI

合成指数又称为景气综合指数。扩散指数虽然概念清晰、计算简便，但也有着自身的局限性，只能预测出经济周期波动的转折点，却不能测定波动幅度，为了弥补这种不足，开发了新的景气指数——合成指数 CI。CI 不仅能反映景气变动的方向，而且能够反映景气循环的振幅。经济预警指数可以分为先行指数、一致同步指数和滞后指数，合成指数不仅需要计算3类指数景气变动大小，还需要以此把握经济的循环波动。以下是构建合成指数的具体步骤。

第一步，计算单个指标的对称变化率 $C_i(t)$。

$$C_i(t)=\begin{cases}x_{it}-x_{i,t-1}, x_{it}\leqslant 0\\ 200(x_{it}-x_{i,t-1})/(x_{it}+x_{i,t-1}), x_{it}>0\end{cases} \tag{3-22}$$

其中，$t=2,3,\cdots,N$，$i=1,2,\cdots,I$。

第二步，将对称变化率标准化。

$$A_i=\sum_{t=2}^{N}\mid C_i(t)\mid/(N-1) \tag{3-23}$$

使用 A_i 将 $C_i(t)$ 标准化，得到：

$$S_i(t)=C_i(t)/A_i \tag{3-24}$$

第三步，求先行、同步、滞后等各类指标的平均变化率。

$$R(t)=\sum_{i=1}^{t}w_iS_i(t)\Big/\sum_{i=1}^{t}w_i \tag{3-25}$$

这里，w_i 是各指标的权重。

计算指数标准化因子。

$$F_i=\sum_{t=2}^{N}\mid R(t)\mid\Big/\sum_{t=2}^{N}\mid P(t)\mid \tag{3-26}$$

其中，$P(t)$ 为同步指标的 $R(t)$，F_i 称为组间标准化因子。

计算标准平均变化率。

$$V_i(t) = R(t)/F_i \tag{3-27}$$

第四步，求初始合成指标 $I(t)$（各类指标分别计算）。

$$I(t) = I(t-1)[200 + V(t)]/[200 - V(t)] \tag{3-28}$$

$$I(1) = 100 \tag{3-29}$$

第五步，求趋势调整值（对同步指标中各序列进行计算）。

$$T_i = (\sqrt[m]{C_{L_i}/C_{K_i}} - 1) \times 100 \tag{3-30}$$

式中，C_{L_i} 和 C_{K_i} 分别为 $\{x_{i,t}\}$ 初始和末尾循环的均值，m 则为 2 个循环的中心间样本数。

接着求同步指标类的平均趋势。

$$G = \sum_{i=1}^{I} T_i/I \tag{3-31}$$

$$V^0(t) = V(t) + (G - T) \tag{3-32}$$

第六步，求各类的合成指数。

$$I^0(t) = I^0(t-1)[200 + V^0(t)]/[200 - V^0(t)] \tag{3-33}$$

$$I^0(1) = 100 \tag{3-34}$$

（二）综合模拟法

综合模拟法是运用相关专业知识选取与景气变动紧密联系的指标，并通过数学和统计方法，以指标的历史数据为基础，确定经济波动各阶段的临界点，利用临界点划分区间，最后以研究得到的综合指数所在区间为依据对经济运行状况进行判断。该方法的优点是：可以反映经济运行的变化趋势以及综合指标的实际结果；能够监测经济整体的波动情况，并能够为政府宏观调控指明目标和方向。当然，综合模拟法也有其不足之处，主要问题在于：该方法没有自主学习能力，容错性较低；不能动态地进行预警。

综合模拟法是基于警兆和警情 2 类指标之间的相关关系，并使用预警级别和警兆指标的警级来进行预警。首先选取警兆指标，一般采用与警情指标较为相关的指标；再对警兆指标和预警要素进行时差相关分析，以确定先导的长度和强度；接着依据警兆指标的变化，确定该指标的警级，并且还要考虑这一指标在经济整体中的地位，综合预报警度。

与指数预警法相比，两者存在差异：综合模拟法需要对选定的警兆指标进行统计检验，重视警兆指标的显著性水平，其综合方法多种多样，并不存在标准程序；而指数预警法未对警兆指标做出严格的显著性要求，并且其综合过程更加程序化。鉴于此,有学者将综合模拟法视为指数预警法合乎逻辑的精确和深化。常见的判别分析法、综合评价法等归属于综合模拟法。

1. 判别分析法

判别分析法产生于20世纪30年代,是在确定分类的条件下,根据某一研究对象的各种特征判断其类别归属的一种多元统计方法。该方法的应用前提是需要已知部分历史数据,即掌握部分研究对象的特征变量和预警分类,并在此基础上选出包含较多信息量的变量,建立判别公式,使错分概率达到最低,最后应用该判别公式对新的观测对象进行归类。

判别函数一般可以表示为:

$$Z = \beta_1 X_1 + \beta_2 X_2 + \cdots + \beta_n X_n \tag{3-35}$$

其中,Z 是判别值;$X_1, X_2, \cdots, X_n$ 是研究对象的特征变量;$\beta_1, \beta_2, \cdots, \beta_n$ 是各变量的判别系数。

根据采用的判别准则可以把判别方法分为以下几类。

(1)最大似然法。当观测变量值均为分类变量时,假设各变量之间相互独立,根据已知观测变量的历史数据,分别求出被观测对象被分到各类的概率,进行比较后将观测对象归为概率最大的那一类。

(2)距离判别。根据已知观测对象的历史数据计算出每一类的重心位置,然后根据待判对象与各个类别重心的远近进行判断,距离最近的类即为观测对象的归类。应用最为广泛的距离测算方法为马氏距离法,该方法直观、简单,适合用于观测变量值均为连续变量的情况,且对变量分布类型无严格要求。

(3)Bayes判别。需要对各个类别的分布情况有一定先验信息,在无先验信息时也可以采取均匀分布作为先验分布,即无信息先验。Bayes判别可以充分利用现有知识,根据总体的先验概率计算变量分布的后验概率,以误判的平均损失达到最小为目标。但是此方法存在较强的限制条件:各个变量服从多元正态分布,各组协方差矩阵相等,各组变量均值有显著性差异。

2. 综合评价法

该方法主要通过专业知识判断选取影响海洋经济的主要指标,采用数学和统计方法构造综合指数,并对警度进行等级划分,最终达到预警评判目的。以下是几种主要的综合指数合成方法。

(1)加权法。海洋经济预警综合指数的合成一般是先确定各个个体指标权重,再进行加权综合。根据组合形式,主要有线性加权求和、指数加权求积、求几何平均数等类别；根据加权方法，可以分为主观、客观和组合加权法三大类。加权平均法是最原始的加权方法，在数字求和时将数字的出现频率作为权系数。经过一定时间的发展，加权法又逐步发展出主成分分析法、熵值法等多种客观加权方法。但是由于许多定性指标难以测量，客观加权法就不太适用，因此主观加权法被相继提出和应用。最先被广泛应用的是层次分析法（AHP）和专家咨询法（Delphi），这 2 种加权方法开创了主观加权法的先河。进入 21 世纪之后，主观加权法得到了快速发展，投影决策法、综合分析法、独立性权数法、模糊聚类分析法、秩和比权数法等都在这一时期被提出。

主观加权法指研究者依据其主观经验和判断对各指标权数进行指定的一种方法。专家咨询法和比较加权法就属于这一类。这一类方法依赖于专家自身的知识结构和认识，反映了专家们的主观意愿，但是不够科学和稳定，所以一般只适用于收集数据困难和信息量化难以准确的评价。主观加权法往往能够充分利用专家的专业知识和丰富经验，最后得到较为贴合实际情况的权重，然而其缺点也较为明显。首先，该评价依赖于专家的专业知识，只能对某个时间段的权重有较为准确的判断，而无法体现不同时间权数的变化，缺乏灵活性。其次，未从整体的角度看问题，将指标割裂来看，只反映了单个指标内容的重要性，未能体现指标内部的联系。

客观加权法属于定量分析方法，指的是仅仅从数据本身出发，应用数理统计方法得到各指标权重的方法，主要有熵值法、主成分分析法、局部变权法、变异系数法等。这些方法以样本数据为出发点，权重结果不易受研究者水平的影响，具有良好的规范性，但样本数据的好坏对最后结果有举足轻重的影响。这一方法能够充分体现出指标数据所蕴含的信息和差异，但其完全依赖于数据，无法发挥评判者的经验知识，容易造成权数不合理的现象。

以上 2 种加权方法都有其自身固有缺陷：主观加权法虽然可以充分利用本领域专家的知识经验，但以主观判断作为赋权基础较易出现差错；客观加权法虽然不受主观因素影响，但是各指标的权数过度依赖样本，且不能体现各指标自身重要性。由于主观加权法和客观加权法各有其侧重点，又具有一定互补性，所以将 2 种方法结合的组合加权法能够很好地反映主观和客观两方面的信息，无疑更加全面，更具优越性。

（2）模糊数学方法。在研究过程中往往会出现许多难以量化的中间指标，这时可以运用模糊数学方法进行模糊量化处理。而且该方法还能以综合指数和向量2种形式给出评判结果，得到的评价结果和预警信息较为丰富。在进行综合评价时，对研究对象某个方面的判断往往是模糊的，例如在海洋预警中，阈值达到多少可以视为警情过热或者过冷都只是模糊的概念，一般情况下难以量化，而运用模糊数学方法来处理这些模糊概念是较好的选择。

模糊数学方法因自身的特点已经成为应用最为广泛的多指标综合评价方法，在经济问题评价、管理问题评价、环境评价、教育评价、科技评价、地质与采矿评价、医院管理统计评价等众多领域中起到了重要作用。

综合评价法常应用于可持续发展及预警领域，但是由于方法本身的缺陷性，近些年来其优势地位有所削弱。综合评价法的主要缺点在于：应用最广的线性加权聚合法无法体现系统论的核心理念，即“总体不等于部分之和”；模型、参数及结果易受研究者对系统特征及性质理解差异的影响，并且主客观权重本身也存在一定缺陷；由于综合评价法得到的一般是静态权重，在进行纵横向对比研究时，其评价结果的可比性值得商榷。

(三)模型预警法

模型预警法通过建立数学模型来监测研究对象所处的状态，该方法是基于指数预警法和统计预警法提出的，使得预警技术得到了进一步完善，具体分为非计量(统计)模型法和计量(统计)模型法。计量模型法有自回归条件异方差模型(ARCH模型)、自回归移动平均模型(ARMA模型)、VAR模型等，非计量模型法有KLR信号分析法、人工神经网络模型、动态马尔科夫模型和灰色预测模型等。

1. 计量模型法

计量模型法的基本思想是：首先，确定能够反映经济运行状况的指标，将这些指标的现有数据作为输入，以模型的预测值作为输出；其次，分析历史数据中变量的特征并对其进行分类，明确各个景气状态的数量特征；再次，对预测值进行系统分析，并结合各个景气阶段的数量特征，对预测期的景气状态进行综合预判；最后，在特征变量预测模型中引进决策变量，通过预测期景气特征的反馈，对该决策的作用进行预估。计量模型法不仅能够直接报告预测期经济运行的态势，还能反映这些态势的数量特征。因此，计量模型法有助于挑选出具有针对性的决策措施。其缺点是：该方法未考虑周期波动，因此不能直接判断预测期经济运行所处的周期阶段和态势。一般情况下，计量模型法仅能预测趋势性，而难以精准预测波动，特别是对转折点难以预测。

（1）ARMA 模型。ARMA 模型是由美国统计学家 Box 和英国统计学家 Jenkins 于 1968 年共同提出的一种时间序列预测方法。由于时序数据在时间上具有延续性，这一方法假设数据之间具有自相关性，因此，可以根据历史数据预测它的未来值。

ARMA 模型的一般表达式为：

$$Y_m(t) = C_0 + \sum_{i=1}^{n} C_i AR(i) + \sum_{j=1}^{n} D_j MR(j) \tag{3-36}$$

其中，$Y_m(t)$ 为第 m 个指标的第 t 期预测值，i 为滞后期数，j 为移动平均数，n 为最大滞后期，C_i 和 D_j 为自回归和移动平均系数，$AR(i)$ 为自回归部分，$MR(j)$ 为移动平均部分。

ARMA 模型只适用于平稳时间序列，因此一般仅适用于短期预测，如果数据非平稳，则需要先进行差分运算转化为平稳序列，并且 ARMA 模型一般需要有 50 个以上月度或年度数据才能具有较好的预测效果。

（2）ARCH 模型。ARCH 模型即自回归条件异方差模型，由美国统计学家 Engle 在 1982 年首次提出。该模型的基本思想是：从统计上，以历史数据的误差来解释未来预测结果的误差，以可利用的信息作为条件，采用自回归形式来描述方差的变异。模型基本表达式如下：

$$\begin{cases} \sigma_t^2 = \alpha_0 + \alpha_1 \varepsilon_{t-1}^2 + \alpha_2 \varepsilon_{t-2}^2 + \cdots + \alpha_p \varepsilon_{t-p}^2 \\ \varepsilon_t / \psi_{t-1} \sim N(0, \sigma_t^2) \end{cases} \tag{3-37}$$

（3）VAR 模型。VAR 模型由 C. A. Smis 于 1980 年提出，即向量自回归模型。若模型有 n 个解释变量，将每个解释变量的 k 阶滞后项也纳入模型，则该模型可表示为：

$$Z_t = \sum_{i=1}^{k} A_i Z_{t-i} + V_t \tag{3-38}$$

其中，Z_t 表示第 t 期观测值，为 $\boldsymbol{n}$ 维列向量；A_i 为 $\boldsymbol{n} \times \boldsymbol{n}$ 矩阵；V_t 是由随机误差项构成的 $\boldsymbol{n}$ 维列向量，$V_i (i = 1, 2, \cdots, n)$ 为白噪声序列，满足 $E(V_{it} V_{jt}) = 0 (i, j = 1, 2, \cdots, n$ 且 $i \neq j)$ 。

经济监测预警大多牵涉到多变量为时间序列数据，不仅重视各变量在某一时点的状态，还重视各变量在不同时间上的交互影响以及对外生政策变量的反应，因此，也就产生了跨时预测的需要，而 VAR 模型恰恰适用于这种情况。

2. 非计量模型法

(1)KLR信号分析法。KLR信号分析法的理论基础是对经济周期转折信号理论的研究:首先对可能导致危机发生的潜在因素进行研究分析,以此确定能够反映危机的预测指标;接着根据过往数据确定危机的阈值,当某个指标数值超过阈值时,说明该指标发出了危机信号,危机信号指标越多,危机爆发的可能性就越大。

该方法的主要特点是:①在非计量模型法中,KLR信号分析法较完善,操作性强,且预警准确性高,但该方法并没有考虑对海洋经济有重要影响的政治经济结构性变量;②该方法阈值的确定是以已发生危机数据为参照标准,而在海洋经济中"经济危机"并不能被准确界定;③海洋经济数据统计时间较晚,缺乏足够的历史数据来确定阈值;④研究得到的指标体系往往未经过实证检验,无法保证结果的准确性。

(2)多元累计和模型。MCS模型即多元累计和模型,1982年,由Lucas和Crosier在Healy的框架下完善发展而来,随后,Lorden(1991)、Brock(1992)等对其进行了两方面拓展:一是稳健性改进,即追求在偏离目标初期就发出信号;二是推广到多元规划。MCS模型的基本思想是广泛地使用累计和程序探测变量分布均值的变化,目的在于及早发现对目标水平的偏离,并提出预警警告。

(3)人工神经网络模型。人工神经网络模型(ANN模型)是一种基于人脑结构和功能构成的信息处理系统,具有强大的函数拟合能力和模式识别能力,致力于克服实际研究中不易解决的学习、识别、记忆、归纳等问题,具有自主学习的特点。利用人工神经网络模型进行预警的方法有2种:一是将预测结果经过一定处理之后直接得到预警结果;二是运用该模型进行预测后,与事先制定的阈值进行对比,以此确定警度。人工神经网络模型对数据的分布没有严格的要求,因而具有良好的泛化能力,并且在数据充足的情况下准确率也较高,可以有效提高同类研究的整体预测精度。但它也存在着机器学习方法的普遍问题,如不具有解释性、神经网络具体结构需要不断试错确定、训练效率不高和训练集数据量需求大等缺点。

(4)灰色预测模型。灰色预测模型自1982年被提出以来,就得到了迅速发展,并在社会、经济、科学技术等诸多领域得到了广泛应用。该方法适用于统计数据量少、时间序列短、存在信息缺失的统计建模。在经济数据序列较短且具有明显上升趋势时,用灰色预测模型进行长期预测会得到较高的精确度。在各类灰色预测模型中，GM(1,1)是应用最为广泛的一种，即使在小数据量的条件下也能够实现统计建模，但只有在原始数据呈现出指数规律变化时预测精度才较高。

(5)可拓物元模型。对于某一研究对象 N，其特征 c 的值为 v，将 $\boldsymbol{R}=(N,c,v)$ 这 3 个元素作为描述事物的基本元，简称为物元（于谨凯等，2013）。

假设该研究对象有 n 个特征 $c_1,c_2,\cdots,c_n$，则其对应的值就分为 $v_1,v_2,\cdots,v_n$，故物元矩阵 $\boldsymbol{R}$ 可表示如下：

$$\boldsymbol{R}=\begin{bmatrix} N & c_1 & v_1 \\ & c_2 & v_2 \\ & \vdots & \vdots \\ & c_n & v_n \end{bmatrix} \tag{3-39}$$

其中 $\boldsymbol{R}_i=(N,c_i,v_i)(i=1,2,\cdots,n)$，表示 $\boldsymbol{R}$ 的分特征物元矩阵。

设预警因素的指标有 m 个，即 $x_1,x_2,\cdots,x_m$，以此为基础运用聚类方法或依据专家经验，将研究对象定性地分为 m 个等级，以区分其安全度。我们一般将之称为"经典域物元矩阵"，以下为其具体形式：

$$\boldsymbol{R}_{0j}=\begin{bmatrix} \boldsymbol{N}_{0j} & x_1 & v_{0j1} \\ & x_2 & v_{0j2} \\ & \vdots & \vdots \\ & x_m & v_{0jm} \end{bmatrix}=\begin{bmatrix} \boldsymbol{N}_{0j} & x_1 & \langle a_{0j1},b_{0j1}\rangle \\ & x_2 & \langle a_{0j2},b_{0j2}\rangle \\ & \vdots & \vdots \\ & x_m & \langle a_{0jm},b_{0jm}\rangle \end{bmatrix} \tag{3-40}$$

式中，$\boldsymbol{R}_{0j}$ 表示研究对象于第 j 个安全等级时的物元模型，$\boldsymbol{N}_{0j}$ 表示此时的安全度，$v_{0jk}=\langle a_{0jk},b_{0jk}\rangle(j=1,2,\cdots,n;k=1,2,\cdots,m)$ 表示此时第 k 个指标的取值范围。

节域物元模型是由测度研究对象安全的各项因素指标所允许的取值范围形成的物元模型，具体表示为：

$$\boldsymbol{R}_p=\begin{bmatrix} \boldsymbol{N}_p & x_1 & v_{p1} \\ & x_2 & v_{p2} \\ & \vdots & \vdots \\ & x_m & v_{pm} \end{bmatrix}=\begin{bmatrix} \boldsymbol{N}_p & x_1 & \langle a_{p1},b_{p1}\rangle \\ & x_2 & \langle a_{p2},b_{p2}\rangle \\ & \vdots & \vdots \\ & x_m & \langle a_{pm},b_{pm}\rangle \end{bmatrix} \tag{3-41}$$

式中，$\boldsymbol{R}_p$ 表示综合测度研究对象安全度的物元模型的节域；$\boldsymbol{N}_p$ 表示所有安全度等级；$v_{pk}=\langle a_{pk},b_{pk}\rangle$ 表示 $\boldsymbol{N}_p$ 中安全度因素 x_k 的取值范围，且 $v_{0jk}\subset v_{pk}$ $(j=1,2,\cdots,n;k=1,2,\cdots,m)$。

待评物元模型是指根据已经建立的评价标准区间和指标临界区间，将研究对象的各项评价指标的具体数值算出，再转换为具体分值，进而得到的物元模型。为得到具体的安全度，需要使用下面的物元矩阵表示各个因素指标所检测到的数据或者利用其对结果进行分析：

$$\boldsymbol{R}=\begin{bmatrix} \mathbf{N}_{0j} & x_1 & v_1 \\ & x_2 & v_2 \\ & \vdots & \vdots \\ & x_m & v_m \end{bmatrix} \tag{3-42}$$

式中，**N** 代表研究对象的安全度，$v_k(k=1,2,\cdots,m)$ 表示第 k 个因素得到的评估值。

因此，可以利用以上综合物元模型，得到研究对象的安全度等级。首先，从研究对象本身安全度测度指标的特点出发，建立物元矩阵和经典物元矩阵的关联函数；其次，利用关联函数确定研究对象的安全等级。

设区间 $v_{0jk}=\langle a_{0jk},b_{0jk}\rangle$ 表示产业安全度是第 j 级时第 k 个因素指标 x_k 的取值范围，区间 $v_{pk}=\langle a_{pk},b_{pk}\rangle$ 则表示因素指标 x_k 的允许取值范围（$v_{0jk}\subset v_{pk}$），点 v_k 表示安全度的第 k 个因素指标的评价值。其中，$j=1,2,\cdots,n;k=1,2,\cdots,m$。则：

$$p(v_k,v_{0jk})=\left|v_k-\frac{a_{0jk}+b_{0jk}}{2}\right|-\frac{1}{2}(b_{0jk}-a_{0jk}) \tag{3-43}$$

$$p(v_k,v_{pk})=\left|v_k-\frac{a_{pk}+b_{pk}}{2}\right|-\frac{1}{2}(b_{pk}-a_{pk}) \tag{3-44}$$

式(3-43)和式(3-44)分别称为点 v_k（评价值）与区间 v_{0jk} 和区间 v_{pk} 的“接近度”。可以根据 $p(v_k,v_{0jk})$ 的正负来判断研究对象安全度的第 k 个因素指标 x_k 的评价值是否超出其取值范围；根据 $p(v_k,v_{pk})$ 的正负，来判断 x_k 的等级及处于该等级的程度。

$$K_j(v_k)=\frac{p(v_k,v_{0jk})}{p(v_k,v_{pk})-p(v_k,v_{0jk})}(j=1,2,\cdots,n;k=1,2,\cdots,m) \tag{3-45}$$

式(3-45)表示待评物元的第 k 个因素指标 x_k 与第 j 级产业安全度的关联度。

关于关联度 $K_j(v_k)$，当 $K_j(v_k)>0$ 时，表示产业安全度的第 k 个因素指标 x_k 属于第 j 级，$K_j(v_k)$ 越大，说明 x_k 越偏向于第 j 级；当 $K_j(v_k)<0$ 时，表示产业安全度的第 k 个因素指标 x_k 不在第 j 级中，$K_j(v_k)$ 越小，说明

x_k 越偏离第 j 级；当 $K_j(v_k)=0$ 时，表示产业安全度的第 k 个因素指标 x_k 处于第 j 级的临界点上。

若 $a_i\left(\sum_{i=1}^{m}a_i=1\right)$ 为研究对象安全度测度指标的权重系数，则 $K_j(R)=\sum_{i=1}^{m}a_iK_j(v_k)$ 为待评研究对象安全度与第 j 级的关联度。找出 $K_j(R)$ 的最大值，得出其安全等级，即：若 $K_{0j}(P)=\max_{j=1,2,\cdots,n}K_j(R)$，则该年的安全度等级为第 $0j$ 级。

第三节　浙江省海洋经济监测预警指标体系

海洋经济监测是研究海洋经济现象的一种调查活动，是对能够反映海洋经济活动的相关数据进行收集、整理和分析，并据此做出相关监测和预警的工作过程。开展海洋经济监测工作，不仅有利于了解与探索我国海洋经济的发展情况及其存在的问题，而且有利于科学量化海洋经济对国民经济的贡献。海洋经济监测预警指标体系研究是为实现监测研究中"质"与"量"的统一而对体系中具体指标进行设置与测度。

一、浙江省海洋经济宏观监测预警指标体系

从海洋经济监测预警的内涵出发，在对研究对象和研究目的进行明确和深入了解后，首先构造海洋经济宏观监测预警指标体系框架，进而得到相应的指标体系。根据经济宏观监测的一般规律，指标体系通常分为三级。研究发现，以海洋经济的总量、结构、效益以及可持续发展为出发点构建海洋经济宏观监测体系较为符合一般经济监测规律，因此，将海洋经济宏观监测体系的一级指标设为海洋经济总量及结构、海洋经济质量和海洋经济可持续发展。

由于监测体系的指标应同时包括价值量指标与实物量指标，考虑到海洋经济与陆域经济之间的联动关系、科学技术与海洋经济的协同关系、投融资制度对海洋经济稳定性的影响，以及海洋经济与生态环境之间的相互依赖和相互制约关系等，本书针对海洋经济总量及结构设置 2 个二级指标（经济总量和经济结构）、12 个三级指标，针对海洋经济质量设置 2 个二级指标（经济潜力和经济效益）、13 个三级指标，针对海洋经济可持续发展设置 2 个二级指标（海洋资源和海洋环境）、13 个三级指标。浙江省海洋经济宏观监

测预警指标体系具体如表 3-1 所示。

表 3-1　浙江省海洋经济宏观监测预警指标体系

一级指标	二级指标	三级指标
海洋经济总量及结构	经济总量	海洋经济增加值总额
		海洋产品和服务出口额
		涉海产业从业人数
		沿海地区固定资产投资总额
		海洋产业项目计划投资额
		海洋产业财政收入
	经济结构	海洋生产总值占 GDP 比重
		海洋第二产业总值占海洋生产总值比重
		海洋第三产业总值占海洋生产总值比重
		海洋产品及服务出口额占海洋生产总值比重
		海洋产品及服务进口额占海洋生产总值比重
		产业霍夫曼系数
海洋经济质量	经济潜力	海洋科研机构数量
		海洋科研机构课题数
		涉海企业研发人员数量
		涉海企业研发经费支出
		涉海企业发明专利项数
		海洋教育专业在校生人数
		海洋教育经费支出额
	经济效益	人均海洋生产总值
		沿海地区人均可支配收入
		海洋全员劳动效率
		资本产出率
		劳动就业弹性系数
		涉海企业金融贷款额

续 表

一级指标	二级指标	三级指标
海洋经济可持续发展	海洋资源	海水可养殖面积
		海洋风能及其他可再生能源发电量
		海洋生物制品原材料种类
		海洋盐业生产情况
		海洋矿业生产情况
		海洋油气业生产情况
	海洋环境	海洋保护区面积
		海洋灾害损失占总产值比重
		废水排放达标率
		工业固体物排放量
		近岸海域污染面积占比
		工业废水直接入海量
		工业污染治理项目完成情况

(一)海洋经济总量及结构情况

海洋经济总量及结构情况主要包括海洋经济总量和海洋经济结构 2 个部分,综合体现了海洋经济运行的总体情况及海洋经济的构成与变化,反映了国家或地区一定时期内海洋经济综合实力的强弱、海洋产业协调发展和产业布局的合理程度。在经济总量指标方面,根据国民经济核算的相关知识可知一个产业最具代表性的总量指标就是生产总值,而投资、进出口以及税收等因素都会影响生产总值。因此经济总量指标全面考虑了海洋经济产业中生产总值、出口、就业、投资和财政等总量方面的情况。而在结构方面,则从海洋经济在国民经济总体中的比重、海洋经济内部的产业结构、进出口在海洋经济中的比重等角度选择三级指标。

(二)海洋经济质量

海洋经济质量主要包括海洋经济潜力和海洋经济效益 2 个部分,综合体现了海洋经济的发展质量情况及运行状态,反映了海洋经济的发展潜力、发展质量和产出效率。在海洋经济潜力方面,主要考虑了海洋科研机构的总体实力、涉海企业的研发能力以及高等院校中海洋教育专业的地位。而在海洋经济效益方面，则从个人收入与生产角度分别考虑了沿海地区人均生产总值和人均收入，并从个人劳动效率和资金转换为生产效率方面考量了海洋全员劳动效率、资本产出率，同时也选取了就业和金融的相关指标以反映该产业的人才与资金流入、流出情况。

（三）海洋经济可持续发展

海洋经济可持续发展主要包括海洋资源和海洋环境 2 个部分，综合体现了海洋经济与海洋资源和海洋环境的协调发展程度，反映了海洋经济发展基础状况、海洋生产能力及海洋经济发展的外部环境的稳定程度，全面体现了“绿色海洋”实现程度。在海洋资源方面，将养殖业、能源业、油气业、矿业、盐业以及海洋生物资源的相关指标纳入了考量，以各行业的生产情况为衡量标准。在海洋环境方面，则从保护、污染以及治理 3 个方面出发，综合考虑了海洋环境的保护情况、各类污染物的污染情况以及污染后的治理情况。

二、浙江省海洋节能减排监测预警体系

“节能减排”一词出自“十一五”规划纲要。2018 年修正的《中华人民共和国节约能源法》对“节能”做出了严格定义，节能是指加强用能管理，采取技术上可行、经济上合理以及环境和社会可以承受的措施，从能源生产到消费的各个环节，降低消耗、减少损失和污染物排放、制止浪费，有效、合理地利用能源。

节能减排监测预警体系的建立需要选取具有内在联系、内涵价值互补且能够充分反映节能减排运行状况的统计指标。考虑到监测指标体系的现实性、实用性和可操作性，海洋节能减排监测指标包括：海洋经济价值量指标、海洋节能减排直接指标和节能减排相关指标。

（一）海洋经济价值量指标

该指标以海洋及相关产业增加值为核心，体现了浙江省海洋经济发展的整体水平和综合实力。主要包含了海洋经济总体产出价值量、各构成产业的产出价值量、资本和劳动力方面的投入总量。

（二）海洋节能减排直接指标

选取了资源能源消耗、污染物排放、综合利用和无害化处理及环保治理

等二级指标。主要体现了海洋经济在生产、排放、回收、治理等过程中节能减排的相关水平。在资源能源消耗指标中,将海洋经济主要消耗的能源作为三级指标,同时也考虑了整个行业的总体能源转化率。在污染物排放指标中,考虑到数据获取的难易程度,仅将海洋工业所产生的主要污染物排放列入在内,不过海洋工业也是目前海洋经济中污染物排放最多的产业,已经较能说明问题。在综合利用和无害化处理指标中,将海洋工业所产生的固、液、气 3 种形态污染物处理指标列入。在环保治理指标中则主要对政府进行环境治理的投入进行了考量,将海洋污染治理投资总额和海洋工业污染治理投资额纳入,也体现了污染治理投资的内部结构。

(三)海洋节能减排相关指标

从新能源开发和产业转型升级 2 个方面反映浙江省海洋节能减排工作的未来走向。

1.海洋新能源开发

海洋新能源属于可再生能源范畴,其开发利用对应对环境污染、能源瓶颈、国防威胁均有积极作用,是推动海洋经济发展的重要途径。目前,海洋新能源在我国能源消费中的比例不高,为此,《全国海洋经济发展“十三五”规划》中提出加快海洋产业能耗结构调整,支持海洋经济中低排放、低耗能的服务业和高技术产业的发展,对石油化工等高耗能产业实施节能减排,鼓励清洁能源发展,因地制宜发展太阳能、海上风能、潮汐能等可再生能源。这一项目主要是通过海上风电项目情况和主要潮汐电站项目情况来反映的,虽然浙江没有风力发电项目,但所有的潮汐电站均位于浙江境内。

因此,海洋新能源开发的监测指标包括:每年新增装机容量、每年总用电量中风力供电量比例、每年总用电量中潮汐能供电量比例、可再生能源消费占比。

2.产业转型升级

近几年我国海洋经济发展迅速,但与国民经济目前发展中所面临的问题一样,我国海洋经济的发展有相当部分是通过对海洋资源和生态环境的透支实现的。所以我们现在必须致力于转变海洋经济增长方式,优化、升级海洋产业结构,以实现海洋经济的可持续发展,这样才能真正实现节能减排目标。为了实现产业结构优化,需要进行下述几个方面的讨论。

第一,应重视海洋服务业发展。根据海洋三次产业划分结果,海洋第一产业和第二产业耗能较高，而海洋第三产业通常包括海洋交通运输业、滨海旅游业以及海洋科技、教育、通信、保险、仓储、商业、金融、咨询信息业等，这些产业耗能低，附加值高，所以应该更加重视海洋第三产业的发展。

第二，对于海洋传统行业，要改变传统的发展思路，积极创新生产模式，增强环保、可持续发展的意识。比如海洋渔业，要严格控制近海捕捞强度，为实现近海捕捞产量负增长，推进以海洋牧场为主要形式的海水养殖业，鼓励区域性综合开发。

第三，要培育壮大海洋新兴产业。海洋新兴产业通常具有巨大的发展潜力和广阔的市场需求，且有的海洋新兴产业是新能源开发的支撑点。这些产业往往有着高新技术的支撑，资源消耗低，综合效益好，而且能大量提供就业岗位。

综上，产业转型升级的监测指标包括：海洋服务业增加值比重、海洋新兴产业增加值、海洋新兴产业增加值比重、海水养殖产量、海水养殖产量占水产品总产量比重、R&D经费内部支出、人均R&D经费内部支出、海洋科技成果转化率。具体如表3-2所示。

表3-2　浙江省海洋节能减排监测指标体系

一级指标	二级指标	三级指标
海洋经济价值量指标	海洋经济价值量指标	海洋生产总值
		海洋第一产业产值
		海洋第二产业产值
		海洋第三产业产值
		海洋固定资产投资总额
		海洋从业人员数量
海洋节能减排直接指标	资源能源消耗指标	海洋能源消耗总量
		单位能耗海洋生产总值
		海洋工业用水（淡水）量
		海洋工业煤炭消费总量
		海洋工业燃料油消费量
		海洋工业天然气消费量
		能源转化效率

续 表

一级指标	二级指标	三级指标
海洋节能减排直接指标	污染物排放指标	海洋工业烟(粉)尘排放量
		海洋工业二氧化硫排放量
		海洋工业氮氧化物排放量
		海洋工业废水排放量
		海洋工业固体废物倾倒量
		海洋工业废水化学需氧量排放量
	综合利用和无害化处理指标	海洋工业废气处理量
		海洋工业废水处理量
		海洋工业固体废物综合利用量
		海洋工业固体废物综合利用率
	环保治理指标	海洋污染治理投资总额
		海洋工业污染治理投资额
海洋节能减排相关指标	新能源开发指标	每年新增装机容量
		每年总用电量中风力供电量比例
		每年总用电量中潮汐能供电量比例
		可再生能源消费占比
	产业转型升级指标	海洋服务业增加值比重
		海洋新兴产业增加值
		海洋新兴产业增加值比重
		海水养殖产量
		海水养殖产量占水产品总产量比重
		R&D 经费内部支出
		人均 R&D 经费内部支出
		海洋科技成果转化率

三、浙江省海洋防灾减灾监测预警体系

浙江省防灾减灾监测预警体系的建立，有助于提高浙江省对海洋灾害的监测预警能力，进而增强浙江沿海地区的防御灾害能力，最大限度地降低

灾害对承灾体造成的经济损失。而海洋防灾减灾监测预警体系指标的设定和选取，不仅要着眼于浙江省主要海洋灾害的特征，还要重视承灾体自身的暴露程度和脆弱程度以及防灾减灾能力。因此，本节针对防灾减灾监测预警体系主要从致灾因子危险性、承灾体暴露性、承灾体脆弱性和防灾减灾能力4个方面进行构建。

（一）致灾因子危险性

致灾因子危险性指海洋灾害的自然变异程度，主要是由海洋灾害的活动频率和规模强度决定的。灾害强度越大、频率越高，海洋灾害所造成的损失就越严重，灾害危险性也就越大。因此，海洋灾害的强度大小会直接影响地区的社会经济损失，正确区分海洋经济的致灾因子危险性，可以有效提高海洋地区受灾的预测水准。致灾因子危险性可以由灾害导致的受灾面积、造成的经济损失、对陆地的影响时间等指标来反映。

（二）承灾体暴露性

承灾体暴露性指承灾体暴露在灾害下所表现出的性质，反映了承灾体应对外界冲击时受到的具体影响。暴露性是致灾因子和承灾体共同作用的结果，只有将承灾体暴露在灾害中才有可能产生损失，常表现为暴露在致灾因子影响范围之内的承灾体数量或者价值。通常，暴露于灾害的人口和地区产值比例的上升是地区灾害损失增加的一个重要原因。例如，在同等级别的地震发生情况下，人口高度密集的沿海城市的灾害损失情况要比人烟稀少的沿海城市严重。

（三）承灾体脆弱性

承灾体脆弱性是指调查范围内的地区因为存在潜在的危险或外部致灾因子而产生任何可能的财产伤害或损失的程度，可综合反映灾害可能造成的损失程度。脆弱性是承灾体本身的属性，承灾体自身的特点决定了其对不同类型风险源具有不同性质和程度的反应。承灾体脆弱性越低，则海洋经济的受灾损失越小；反之亦然。承灾体脆弱性和防灾能力有着非常重要的关系，可以通过不同指标来反映海洋经济的承灾体脆弱性。

（四）防灾减灾能力

防灾减灾能力是指受灾区在长期或短期内减少灾害损失以及恢复受灾

地区经济的进度，它能够反映出政府等相关部门对于突发事件的应急能力和救援管理能力。因此提高浙江省受灾地区的防灾减灾能力能有效地减轻海洋灾害带来的损伤，对减少经济损失和灾后经济恢复有着重大意义。防灾减灾能力可以通过某些指标来具体反映，如海滨观测站个数、防潮工程数量、海洋环境预报科技投入度等（见表3-3）。

表3-3 浙江海洋防灾减灾监测预警体系

一级指标	二级指标	三级指标
致灾因子危险性	风暴潮灾害指数	风暴潮平均发生概率
		风暴潮持续时间
		风暴潮灾害损失
	海浪灾害指数	海浪平均发生概率
		海浪持续时间
		海浪灾害损失
	赤潮灾害指数	赤潮平均发生概率
		赤潮持续时间
		赤潮灾害损失
承灾体暴露性	人口	总人口
		人口密度
		海岸线1千米范围人口数量
	社会经济	地区生产总值
		渔业总产值
		沿海渔港数量
		排水管道长度
		铁路营业里程密度
		公路里程密度
		内河航道里程密度
	地理环境	海岸线长度
		码头岸线长度
		地形地理位置
		沿海地势平均高度

续　表

一级指标	二级指标	三级指标
承灾体脆弱性	人口	城镇居民人口比例
		农林牧渔业人口
		人口年龄结构指数
	社会经济	沿海港口货物吞吐量
		海水产品产量
	海洋环境	平房所占房屋比例
		海水已养殖面积
		港口码头泊位数
		海岸堤防工程抗灾设计标准
防灾减灾能力	资源准备	人均 GDP
		人均公园绿地面积
		人均拥有道路面积
		渔民人均纯收入
	投入水平	海洋自然保护区面积
		医院、卫生院床位数
		救灾物资储备度
		海滨观测站个数
		防潮工程数量
		海洋环境预报科技投入度
		工业废水排放达标量
		集中式治理设施污水排放

四、浙江省海岛及开发区海洋经济监测预警体系

浙江省海岛及开发区海洋经济监测体系指标的选取，可以采用方法简单且应用最为广泛的分析法，其基本过程为：首先，通过对待评价问题的深入研究，明确评价的目标；其次，不仅要明确总体目标，还要对总目标进行分解，以得到某一方面的子目标；再次，对子目标继续进行分解，若该目标可用具体指标来评价，则停止分解；最后，对指标进行综合，使其具有层次性。

在充分考虑海岛及开发区监测指标体系的现实性、实用性和可操作性后，本节选取了能够充分反映海岛及开发区海洋经济运行状况的统计指标，以海洋经济综合质量指标和海洋经济可持续发展指标两方面为出发点建立指标体系。

（一）海洋经济综合质量指标

海洋经济综合质量指标包括海岛及开发区的海洋经济总量、海洋经济结构、海洋经济推动力、海洋经济效益、海洋人才发展等5个方面，以反映海洋经济的综合质量。其中，海洋经济总量，反映了海岛及开发区海洋经济运行的总体情况，能够从宏观层面体现海洋经济综合实力的强弱；海洋经济结构，反映了海洋经济的构成情况，可通过对海洋经济结构相关指标的监测促进海洋各产业的协调发展；海洋经济推动力，在一定程度上体现了海洋经济的发展潜力，决定了海洋经济未来的发展状况；海洋经济效益，指海洋经济活动中投入的劳动消耗或资金占用与劳动成果的对比关系，能够反映海洋经济的运行状态，及时监测海洋企业的经营及发展状况；海洋人才发展，主要反映从事海洋事业人员的总量、素质以及人力资源结构等，人才往往是海洋经济发展的关键，人才的需求结构和数量与人才供应之间的矛盾是制约海岛及开发区海洋经济发展的突出问题。

（二）海洋经济可持续发展指标

海洋经济的可持续发展主要指海洋经济与海洋资源和海洋环境协调发展。海洋经济可持续发展是一个密不可分的系统，既要达到发展经济的目的，又要保护好海洋的自然资源和生态环境，不仅要满足现代人的需求，更不能损害后代人满足需求的能力。对海洋资源的合理开发和对海洋环境的保护是维持海洋经济可持续发展的前提，因此，海洋经济可持续发展可以从海岛及开发区的海洋资源和海洋环境2个方面来分析。海洋资源是指海洋生产资料和生活资料的天然来源，是人类赖以生存的自然资源。海洋环境状况包括大洋的环境状况和海岸带的环境状况，能够反映海洋环境质量。通过对该方面指标进行监测，能为有效地利用海洋资源和保护海洋环境提供信息，为海洋综合管理提供依据（见表3-4）。

表 3-4　浙江省海岛及开发区海洋经济监测预警指标体系

一级指标	二级指标	三级指标
海洋经济综合质量	海洋经济总量	海洋生产总值
		主要海洋产业增加值增长率
		产品和服务出口额
		固定资产投资额
		项目计划投资额
	海洋经济结构	海洋第一产业占比
		海洋第二产业占比
		海洋第三产业占比
	海洋经济效益	全员劳动效率
		沿海港口货物吞吐量
		机动渔船数
		资本产出率
		人均生产总值
		资产总计
		主营业务收入
		主营业务成本
		负债合计
		流动负债合计
		固定资产折旧
		本年应交增值税
		销售收入
	海洋经济推动力	海洋科研机构从业人数占涉海就业人数的比重
		科技项目
		海岛及开发区固定资产投资密度
		专利授权数
	海洋人才发展	涉海就业人员占地区就业人员比重
		海洋教育专业在校生人数占地区人口比例
		海洋产业就业人员文化素质(拥有大专以上学历人员占从业人员的比例)
		海洋文化活动参加人数

续 表

一级指标	二级指标	三级指标
海洋经济可持续发展	海洋资源	海水可养殖面积
		综合能源消费量
		单位生产总值能耗
		海域使用权面积
		海岛岸线长度
		海水捕捞量增长率
		海盐产量
		海洋石油年开采量
		海洋天然气年开采量
		水资源总量
		海滩面积
		陆地面积
		植被面积
	海洋环境	工业废水万元产值排放量
		工业固体废物万元产值排放量
		水质达标率
		海洋灾害损失占总产值比重
		工业废水排放总达标率
		固体废物循环利用率
		近岸海域污染面积占比
		全社会用电量
		陆地植被覆盖率
		环境质量优良率
		环境噪声

第四章　浙江省海洋经济监测预警应用研究

第一节　浙江省海洋经济监测预警数据体系

本章通过统计年鉴、海洋经济公报等渠道搜集海洋经济数据。针对数据缺失等数据质量问题，主要采取以下处理方式进行修正。

一、删除含有缺失值的个案

缺失值的删除方法有简单删除法和权重法。其中，简单删除法是最原始的方法，只需将存在缺失的个案删除。而缺失值按照数据缺失机制可以分为完全随机缺失、随机缺失和不可忽略的缺失，当缺失值为非完全随机缺失时，为达到减少误差的目的，可以在完整的数据基础上进行加权处理。当解释变量中存在对权重估计起重要作用的变量时，权重法就可以有效减小偏差。当出现多个数据缺失的情况时，需要针对各个不同属性的缺失组合考虑赋予其有差异的权重，这会加大计算量，降低预测的准确性，此时采取权重法并不理想。

二、可能值插补缺失值

当数据量非常大时，删除一个个案可能会丢失大量的属性值，为了尽可能完整地保留信息，可以对缺失值进行填补。填补缺失值的常用方法有以下几种。

(一)均值插补

数据可以分为定距数据和非定距数据。对不同类型的数据进行处理时,选取的指标也不同。当缺失值属于定距数据时,说明存在平均数,可以用平均值作为插补值;当缺失值属于非定距数据时,根据统计学的众数原理,可用众数作为插补值。

(二)极大似然估计

当缺失值属于随机缺失时,假设模型对于完整的样本是正确的,那么可以根据原始数据的边缘分布来对未知参数进行极大似然估计。但是这种缺失值处理方式的重要前提是处理对象为大样本,只有充足的数据量才能够保证极大似然估计值是渐近无偏并服从正态分布的。

(三)多重插补

当缺失值属于随机缺失的情况时,其值来源于已观测到的值。具体可以分为 3 个步骤:首先,为每个空值产生一套可能的插补值,每一个值都可以被用来插补缺失值,于是就能对原本的数据集进行插补,得到若干个完整的数据集;其次,对得到的插补数据集进行统计分析;最后,根据评分函数选择各插补数据集中的结果,最终得到插补值。

第二节　浙江省海洋经济景气分析与预警

一、浙江省海洋经济景气分析

景气是用以综合描述社会经济发展情况的一个指标,通常可表现出经济在一段时间内的活跃程度。经济景气,是指社会经济繁荣兴旺,呈现上升发展的总体趋势,主要表现为社会财富总量增速加快、市场交易活跃的社会经济状态。而经济不景气,是指社会经济衰弱萧条,呈现下滑倒退的总体趋势,绝大部分经济活动包括生产、分配、交换、消费均处于萎缩或半萎缩的状态,主要表现为经济增速显著下降、大量企业破产、失业人数明显增多等。为描述经济景气状态,可以编制一系列景气检测指标,主要包括能领先于总体经济而预先变化的先行指标、与总体经济变化相一致的同步指标和比总体经济变化滞后一定时期的滞后指标3类。先行指标的变化能预测同步指标的变化，而滞后指标则能检验同步指标发生的变化。

目前的景气预测法主要结合了扩散指数和综合指数，以此对社会经济发展情况进行总体性的判断及预测。扩散指数（Diffusion Index，DI）是以同类指标中各序列的发展情况为依据得到的，是反映总体经济扩张程度的指数，通常可用于对经济情况的预测；综合指数（Composite Index，CI）则是以循环离散情况为依据，以其对社会经济发展的影响大小为权重得到的，是可揭示社会经济整体循环离散程度的指数，能够反映经济的波动程度。

（一）扩散指数

海洋经济扩散指数是由较多的重要海洋经济相关变量综合而成的，作为海洋经济宏观运行的晴雨表，比任何单一海洋经济指标都更具可靠性和权威性。同时，海洋经济扩散指数在每个阶段停留的时间能代表海洋经济波动在此阶段的扩散程度。其计算方法如下：

当第 t 时刻的值比前 i 个都大时，海洋经济景气指标被称为扩散指标，同时计“1”个扩散指标；当第 t 时刻的值与前 i 个相等时，海洋经济景气指标被称为半扩散指标，同时计“0.5”个扩散指标；当第 t 时刻的值比前 i 个小时，海洋经济景气指标被称为不扩散指标，同时计“0”个扩散指标。海洋经济扩散指数的计算方法有加权和简单合成2种。简单扩散指数计算公式如下。

$$DI_t = (\text{第 } t \text{ 期序列出现扩张的个数} / \text{属于该类指标的序列总数}) \times 100\% \tag{4-1}$$

最后，可根据海洋经济扩散指标数与设定的0%、50%和100%3个标志的关系来确定海洋经济宏观运行阶段及走向。

如图4-1所示，扩散指数在经济波动中共分解为4个阶段。

第一阶段：DI_t 在0%—50%之间。在这一区间内，经过加权得到的下降指标数大于经过加权得到的上升指标数。此时，相比于经济紧缩的因素，促使经济扩张的因素更胜一筹，导致经济处于扩张状态，即将结束不景气阶段。

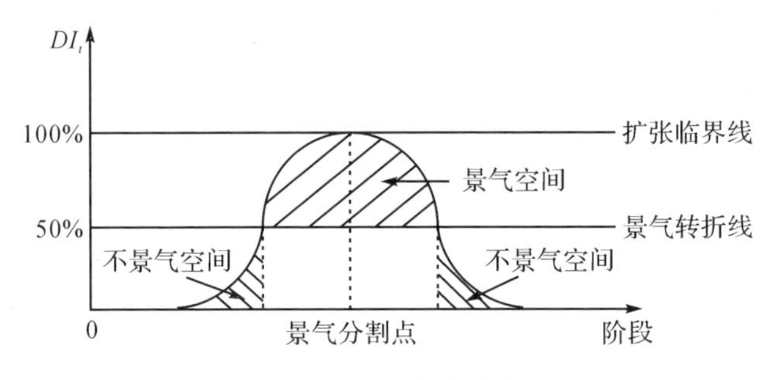

图 4-1　扩散指数曲线

第二阶段：DI_t 在 50%—100%。在这一区间内，经过加权得到的下降指标数小于经过加权得到的上升指标数。此时，相比于经济紧缩的因素，促使经济扩张的因素作用效果更强，导致经济处于景气状态。DI 值越趋近于峰值 100%，经济状况越热，当处于峰值 100%时，经济达到最热状态。

第三阶段：DI_t 在 100%—50%。在这一区间内，虽然经过加权得到的下降指标数仍小于经过加权得到的上升指标数，但此时，相比于经济紧缩的因素，促使经济扩张的因素略逊一筹，即将结束景气阶段。

第四阶段：DI_t 在 50%—0%。在这一区间内，经过加权得到的下降指标数大于经过加权得到的上升指标数，此时已结束景气阶段，形成经济紧缩的局面。

(二)综合指数

海洋经济综合指数既能有效判断海洋经济循环转折点，又能从量上反映循环波动的程度。综合指数的编制原理为首先计算每个指标的对称变化率，之后通过加权将多个指标的标准化平均变化率合成数值，经过数据处理后生成综合指数。下面介绍指数编制的过程。

第一步，对单个指标计算其对称变化率 $C_i(t)$ 。对指标值进行趋势调整，结果用 x 来表示，则 t 时刻时 i 指标的值可用 $x_i(t)$ 来表示。

$$\begin{cases} C_i(t) = 200 \times \dfrac{[x_i(t) - x_i(t-1)]}{[x_i(t) + x_i(t-1)]}, x_i(t) > 0 \\ C_i(t) = [x_i(t) - x_i(t-1)], x_i(t) < 0 \end{cases} \tag{4-2}$$

第二步，计算第 i 序列的标准化因子，并将其表示为 A_i 。若一些指标变动幅度较大，会导致其对合成指数的结果有重大影响，为避免这种情况而取其平均，故需要先标准化处理各个指标的对称变化率。

$$A_i = \sum_{i=2}^{n} | C_i(t) | /(n-1) \tag{4-3}$$

第三步，对指标计算其标准化平均变化率，并用 $S_i(t)$ 来表示。

$$S_i(t) = C_i(t)/A_i \tag{4-4}$$

第四步，对指标计算其平均变化率，并用 $R(t)$ 来表示。

$$R(t) = \frac{\sum_{i=1}^{n} S_i W_i}{\sum_{i=1}^{n} W_i} \tag{4-5}$$

第五步，计算合成指数。对各指标计算其初始合成指数，并用 $I(t)$ 来表示，假设 $I(1)=100$。

$$I(t) = I(t-1) \times \frac{200+R(t)}{200-R(t)} (t = 2,3,\cdots,n) \tag{4-6}$$

第六步，计算合成指数。

$$CI(t) = 100 \times I(t)/I(0) \tag{4-7}$$

式中 $I(0)$ 表示的是各个指标在基准期的平均值。

（三）海洋经济监测指标体系的权重的确定

考虑到浙江省海洋经济宏观监测预警的目标，为构建一个兼具稳定性和通用性的指标权重体系，本书采用熵值法确定指标权重。熵是衡量事物混乱程度的一个指标，在信息论中，就是指信息的不确定性。熵越小代表不确定性越小，同时信息量越大；而熵越大代表不确定性越大，同时信息量越小。由此看出，熵值的大小反映出事件的无序程度和随机程度。因此，当需要判断某个指标的离散程度时，熵值是一个很好的依据。指标离散程度的大小与其在综合评价过程中起到的作用有正向关系。一般来说，一个离散程度大的指标与离散程度小的指标相比，前者所提供的信息量要大，且信息熵更小，此时，其权重也相应地大于后者。因此，可以从信息熵的角度出发，对各个指标计算其权重，将该权重称为熵权，可以作为多指标综合评价的依据。熵值法的主要步骤如下。

第一步，对各个指标进行归一化处理。各个指标具有不同的计量单位，需要在使用前先将指标的绝对值转化为相对值，同时，为达到异质指标同质化的目的，还要令 $x_{ij} = | x_{ij} |$，在完成一系列标准化处理后再进行综合指标的计算。此外，由于指标数值分别取正、负时具有不同的意义（当取正值时其数值越大越好，当取负值时其数值越小越好），需要针对具体的情况进行

分析，区分不同的标准化算法来对数据进行处理。

正向指标：

$$x'_{ij} = \frac{x_{ij} - \min\{x_{1j}, \cdots, x_{nj}\}}{\max\{x_{1j}, \cdots, x_{nj}\} - \min\{x_{1j}, \cdots, x_{nj}\}} \tag{4-8}$$

逆向指标：

$$x'_{ij} = \frac{\max\{x_{1j}, \cdots, x_{nj}\} - x_{ij}}{\max\{x_{1j}, \cdots, x_{nj}\} - \min\{x_{1j}, \cdots, x_{nj}\}} \tag{4-9}$$

计算得到第 i 年的第 j 个指标的相对数值，并用 x'_{ij} 来表示。

第二步，对各级各项指标分别进行计算，得到第 i 年的数值占该指标的比重，并用 p_{ij} 来表示。

$$p_{ij} = \frac{x'_{ij}}{\sum_{i=1}^{n} x'_{ij}} \tag{4-10}$$

在此基础上，计算第 j 项指标的熵值，并用 e_j 来表示。

$$e_j = -k \sum_{i=1}^{n} p_{ij} \ln(p_{ij}) \tag{4-11}$$

求(4-11)中 $k = 1/\ln(n)$，满足 $e_{ij} \geqslant 0$。进而，计算信息熵冗余度。

$$d_j = 1 - e_j \tag{4-12}$$

第三步，计算各项指标的权重。

$$w_j = \frac{d_j}{\sum_{j=1}^{m} d_j} \tag{4-13}$$

浙江省海洋经济宏观监测预警各指标权重如表 4-1 所示。

表 4-1　浙江省海洋经济宏观监测预警各指标权重

一级指标	二级指标	三级指标	权重
海洋经济总量及结构 0.3923	经济总量 0.4395	海洋经济增加值总额	0.0652
		涉海产业从业人数	0.0361
		沿海地区固定资产投资总额	0.0924
	经济结构 0.5065	海洋生产总值占 GDP 比重	0.0902
		海洋第二产业总值占海洋生产总值比重	0.0508
		海洋第三产业总值占海洋生产总值比重	0.0577

续 表

一级指标	二级指标	三级指标	权重
海洋经济质量 0.2739	经济潜力 0.6605	海洋科研机构人数占涉海就业人数比重	0.0519
		海洋科研机构课题数	0.0401
		海洋科研教育管理服务业增加值占海洋及相关产业增加值的比重	0.0546
		海洋教育专业在校生人数(专科及以上)	0.0343
	经济效益 0.3395	海洋全员劳动效率	0.0212
		资本产出率(沿海地区固定资产投资密度)	0.0281
		劳动就业弹性系数	0.0436
海洋经济可持续发展 0.3338	海洋资源 0.6275	海水可养殖面积	0.0235
		海洋风能、水能及其他可再生能源发电量	0.1058
		海洋盐业、矿业生产情况	0.0801
	海洋环境 0.3725	海洋保护区面积	0.0292
		海洋灾害损失占总产值比重	0.0167
		近岸海域清洁、较清洁面积占比	0.0444
		废水排放达标率	0.0341

(四)指数的计算与分析

由于浙江省对海洋经济相关指标进行统计的时间较短,部分指标历史年份数据缺失较为严重,可获得数据历时较短。因此,考虑到相关指标的可获取性以及防止指标划分错误所造成的结果失实,本书将不予区分先行指标、同步指标以及滞后指标。根据扩散指数的计算步骤、公式和指标的数值,本小节计算了 2007—2016 年浙江省海洋经济扩散指数,如表 4-2 和图 4-2所示。

表 4-2 浙江省 2007—2016 年海洋经济扩散指数

年份	2007	2008	2009	2010	2011	2012	2013	2014	2015	2016
扩散指数/%	65.0	70.0	72.5	52.5	57.5	75.0	80.0	60.0	67.5	65.0

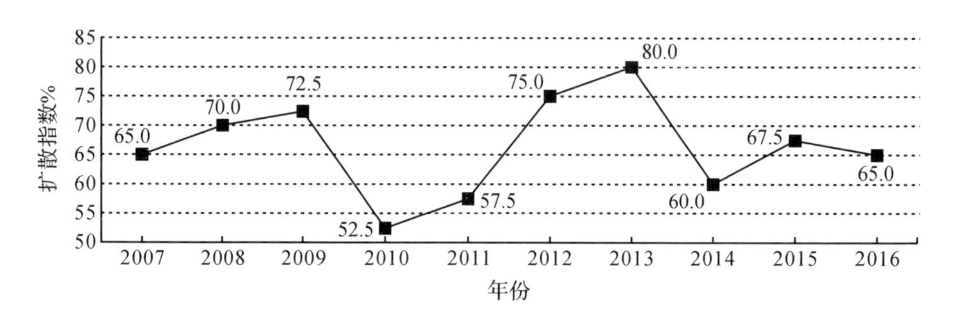

图 4-2　浙江省 2007—2016 年海洋经济扩散指数走势

对表 4-2 和图 4-2 进行分析发现，浙江省海洋经济扩散指数始终大于 50%，表明促使经济紧缩和扩张的因素中，后者占据主导地位，且其更大的影响力使得经济持续扩张并处于经济景气状态。从 2007—2009 年和 2010—2013 年 2 个阶段的曲线走势可以看出，海洋经济扩散指数均呈现上升趋势，体现出在此过程中有逐步增强的促使经济扩张的因素，相反，2010 年和 2014 年的海洋经济扩散指数则呈现下降趋势。

根据各个指标的数值及其权重，以及前面规定的计算综合指数的方法和过程，本小节还计算了 2006—2016 年浙江省海洋经济综合指数，如表 4-3 和图 4-3 所示。可以看到，浙江省海洋经济综合指数始终位于 100% 及以上，表明海洋经济持续处于景气状态。同时综合指数始终保持着上升的趋势，尤其是 2009 年上升了 1.21 个百分点，为历年上升幅度最大年份。可见在经历 2008 年金融危机后，海洋经济发展持续发力，发展进程明显提速。得益于 2009 年中国史上最大规模的投资建设方案，以及海洋经济与陆域经济的高度关联性，海洋经济不仅自身迅速发展，同时也有效带动了整个浙江省乃至全国国民经济的复苏，成为浙江省国民经济发展的重要增长极。

表 4-3　浙江省 2006—2016 年海洋经济综合指数

年份	2006	2007	2008	2009	2010	2011	2012	2013	2014	2015	2016
综合指数/%	100.00	100.18	100.80	102.01	102.52	102.84	103.39	103.84	103.93	104.20	104.49

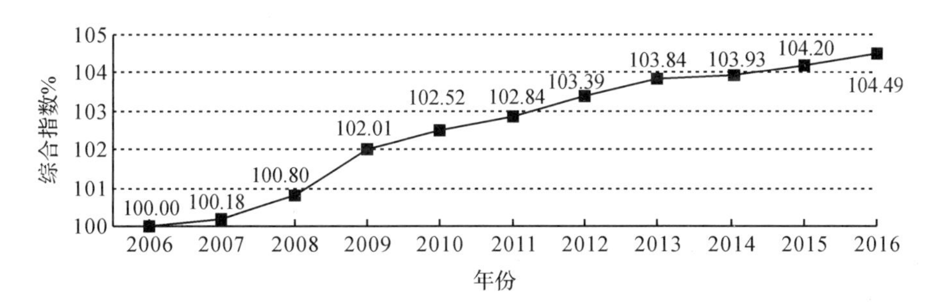

图 4-3 浙江省 2006—2016 年海洋经济综合指数走势

二、浙江省海洋经济预警分析

(一)预警信号系统

海洋经济预警信号系统的原理是在得到反映当前社会经济运行情况的敏感指标的基础上,选择合适的数据处理方法并运用,将多个指标合并为一个综合指标,利用一组类似于交通管制信号灯的标识来对一定时期内的经济状况发出不同的信号,据此来判断未来经济增长的趋势。预警信号由一套不同颜色的警戒性指标组成,通常具有红色、黄色、绿色、浅蓝和蓝色 5 种颜色(见表 4-4)。

表 4-4 预警信号构成及意义

信号颜色	信号意义
红色	经济发展过热(过热)
黄色	经济发展略微过热(偏热)
绿色	经济发展稳定(正常)
浅蓝	经济在短期内萎缩(偏冷)
蓝色	经济处于萧条状态(过冷)

海洋经济预警的实质就是对海洋经济运行中将出现的“危险点”或“危险区”做出预计并发出警报,从而为海洋经济的管理和决策提供参考依据。经济预警处理必须建立如本书第三章第一节浙江省海洋经济监测预警指标体系等的预警指标体系,还应确立一个与建立的指标体系相适应的合理测度来对经济运行的正常程度进行衡量。

(二)预警界限的设计

在构建预警信号系统的过程中,如何确定预警界限是一个极其重要的问题,故临界值的选择就需要十分严谨、慎重。一般情况下,在确定预警界限时要严格按照以下几点要求:首先,对指标实际值的波动进行分析,并得到其中心线;其次,在各个区间内对指标实际值出现的概率进行分析,并得到其基础临界点;最后,根据经济理论对得到的结果进行判断并采取相应的解决措施,对于指标数据过短或指标波动过大的情况,先对异常值进行剔除,再对中心线和临界值进行调整。

本节采用统计分析方法来确定预警区间的临界点。根据 3σ 原理(σ 为统计学中的标准差,表示数据的分散程度),假设各指标值均服从正态分布,即越靠近该指标,期望值 u 的可能性越大,反之则越远离,期望值 u 的可能性越小。如前所述,考虑到浙江海洋经济统计年份持续时间较短,若将数据落在 3 倍标准差之内时视为正常情况,基本无异常数据;而若将数据落在 1 倍标准差之内时视为正常情况,要求略显严苛。同时根据统计学原理,服从正态分布的数据未落在 2 倍标准差之内的概率仅为 0.0455,并且落在 2 倍标准差之内的概率与落在 3 倍标准差之内的概率之差仅为 0.0428,因此,本书将 2 倍标准差作为正常波动区间。

$$P(|X-\mu|<k\sigma)=\Phi(k)-\Phi(-k)=\begin{cases}0.6826,\ k=1\\0.9545,\ k=2\\0.9973,\ k=3\end{cases} \tag{4-14}$$

本书将各预警区间根据上述统计分析方法的标准进行划分后与各预警状态相对应,结果如表 4-5 所示。

表 4-5 预警状态与区间划分

预警状态	过冷(蓝色)	偏冷(浅蓝)	正常(绿色)	偏热(黄色)	过热(红色)
区间	$(-\infty,\mu-2\sigma]$	$(\mu-2\sigma,\mu-\sigma]$	$(\mu-\sigma,\mu+\sigma]$	$(\mu+\sigma,\mu+2\sigma]$	$(\mu+2\sigma,+\infty)$

(三)预警指数的计算

根据上述确定的预警信号灯和预警状态及其区间划分,计算监测序列各指标值所处的数值区间。不失一般性,若记红灯 5 分、黄灯 4 分、绿灯 3 分、浅蓝灯 2 分和蓝灯 1 分,则通过计算各年份浙江省海洋经济预警指标体系中各指标的警情分值，可以得到浙江省海洋经济预警指数序列。

参考我国宏观经济预警的惯例做法，将 5 倍于总指标个数 M 的分数 ($5M$) 作为满分，满分的 80% 为红灯与黄灯的临界值，满分的 70% 为黄灯与绿灯的临界值，满分的 50% 为绿灯和浅蓝灯的临界值，满分的 40% 为浅蓝灯和蓝灯的临界值。那么，根据预警指数所处的预警区间，可以给出信号灯。

根据第四章第一节所建立的浙江省海洋经济预警指标体系，计算各指标的预警区间，得到的结果如表 4-6 所示。

表 4-6 浙江省海洋经济预警指标的预警区间标准

指标代码	过冷	偏冷	正常	偏热	过热
B101	(−∞,1158.79]	(1158.79,2728.64]	(2728.64,5868.35]	(5868.35,7438.20]	(7438.20,+∞)
B102	(−∞,362.57]	(362.57,386.56]	(386.56,434.52]	(434.52,458.50]	(458.50,+∞)
B201	(−∞,0.121]	(0.121,0.128]	(0.128,0.144]	(0.144,0.152]	(0.152,+∞)
B202	(−∞,38.285]	(38.285,39.495]	(39.495,41.916]	(41.916,43.127]	(43.127,+∞)
B203	(−∞,47.854]	(47.854,49.582]	(49.582,53.037]	(53.037,54.764]	(54.764,+∞)
B301	(−∞,2.333]	(2.333,3.007]	(3.007,4.355]	(4.355,5.028]	(5.028,+∞)
B302	(−∞,0.148]	(0.148,0.170]	(0.170,0.216]	(0.216,0.239]	(0.239,+∞)
B401	(−∞,39477.6]	(39477.6,70717.2]	(70717.2,133196.5]	(133196.5,164436.2]	(164436.2,+∞)
B402	(−∞,0.198]	(0.198,0.240]	(0.240,0.324]	(0.324,0.367]	(0.367,+∞)
B403	(−∞,−0.127]	(−0.127,0.043]	(0.043,0.381]	(0.381,0.551]	(0.551,+∞)
B501	(−∞,65558]	(65558,77469]	(77469,101291]	(101291,113202]	(113202,+∞)
B502	(−∞,−41454]	(−41454,3300]	(3300,92808]	(92808,137563]	(137563,+∞)
B601	(−∞,1669.32]	(1669.32,1994.00]	(1994.00,2643.34]	(2643.34,2968.01]	(2968.01,+∞)
B602	(−∞,0.137]	(0.137,0.209]	(0.209,0.353]	(0.353,0.425]	(0.425,+∞)

根据 3σ 法确定的预警区间标准以及 2006—2016 年浙江省海洋经济预警指标体系数值，计算历年各指标预警信号，结果如表 4-7 所示。

表 4-7　2006—2016 年浙江省海洋经济预警指标预警信号

年份	B101	B102	B201	B202	B203	B301	B302	B401	B402	B403	B501	B502	B601	B602
2006	2	1	2	3	2	2	2	2	3	5	4	2	3	2
2007	2	2	2	4	2	2	2	2	3	3	1	2	3	3
2008	2	3	2	3	3	2	3	2	3	3	3	2	3	4
2009	3	3	3	3	3	3	3	3	4	3	3	3	3	3
2010	3	3	3	4	3	3	3	3	4	3	3	3	3	3
2011	3	3	3	3	3	3	3	3	3	3	3	3	2	3
2012	3	3	3	3	3	3	3	3	3	3	3	3	3	3
2013	3	3	4	3	3	3	3	3	3	3	3	3	3	3
2014	3	3	3	2	4	4	3	3	2	3	3	3	3	2
2015	4	4	4	2	4	4	4	4	2	3	3	4	3	3
2016	4	4	3	2	4	3	4	4	2	3	3	5	4	5

历年的综合预警指数的计算基础是单指标警情分值及其权重，具体计算公式为：综合预警指数＝单指标警情分值×各指标权重。根据各指标值的随机性及无序程度，使用熵值法对浙江省海洋经济预警指标的权重进行确定，结果如表 4-8 所示。

表 4-8　浙江省海洋经济预警指标权重

指标代码	B101	B102	B201	B202	B203	B301	B302
权重	0.0715	0.0396	0.0800	0.0451	0.0512	0.0859	0.0904
指标代码	B401	B402	B403	B501	B502	B601	B602
权重	0.0628	0.0832	0.1290	0.0275	0.1237	0.0436	0.0664

考虑到浙江省海洋经济预警指标体系中共有 14 个指标，所以，将指标数值大小的含义定义如下：若预警指数不超过 28，则表明海洋经济过冷；若预警指数高于 28 且不超过 35，则表明海洋经济偏冷；若预警指数高于 35 且不超过 49，则表明海洋经济处于正常状态；若预警指数高于 49 且不超过 56，则表明海洋经济偏热；若预警指数高于 56，则表明海洋经济过热。

按照上述规则，浙江省 2006—2016 年海洋经济预警指数走势如图 4-4 所示。

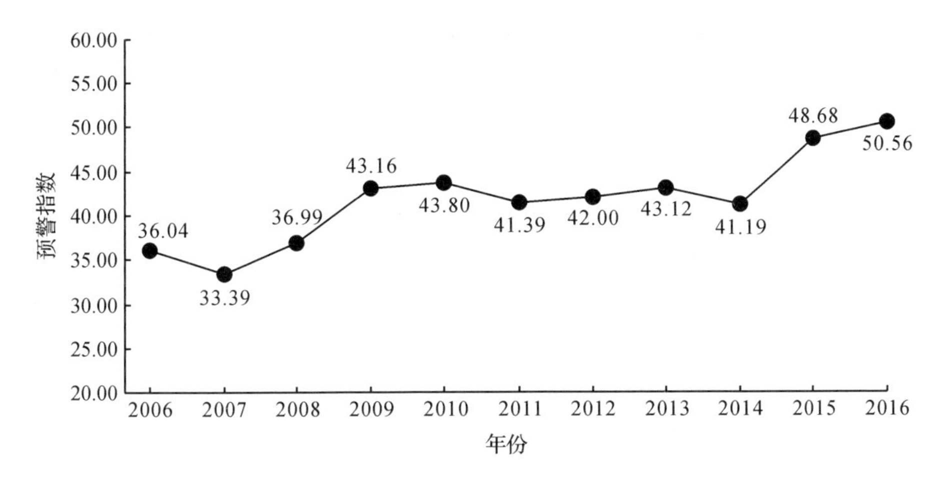

图 4-4　浙江省 2006—2016 年海洋经济预警指数走势

由图 4-4 可知，2006—2016 年，浙江省海洋经济预警指数总体保持上升趋势，共经历了偏冷、正常和偏热 3 个状态。2016 年预警指数达到了最高值 50.56，即当年海洋经济处于偏热状态，主要原因为在海洋经济增加值提高迅速，经济效益显著增强的同时，海洋环境保护得到进一步贯彻，再生能源使用率提高，进而促使浙江省海洋经济可持续发展能力显著增强。而历史最低值为 2007 年的 33.39，各预警指标信号值中除海洋经济第二产业增加值占比显示过热状态外，其余指标均处于正常状态以下。特别是，海水可养殖面积处于过冷状态，这也导致了当年浙江省海洋经济处于偏冷状态。除上述年份外，浙江省海洋经济均处于正常状态，海洋经济运行平稳并且发展势头向好。

第三节　浙江省海洋节能减排监测预警

众所周知，经济发展离不开能源的充足供应，能源是发展经济的命脉，自然也是发展海洋经济的命脉。浙江省是一个经济大省，在浙江经济快速增长的同时，能源消费量也在急速上升。2010 年，浙江省 GDP 总量达到 27747.65 亿元，约占全国 GDP 总量的 6.71%；能源消费总量为 16865 万吨标准煤，约占全国能源消费总量的 4.67%。而 2000 年浙江省的能源消费总量仅为 5863 万吨标准煤，GDP 为 6141.03 亿元。2000—2010 年全省能源消费总量的增长速度接近 200%，超过了同期全省 GDP 的增长速度。然而，浙江是一个能源小省，能源消费量大而能源自给率低，所以凸显了节能减排的必要性。

本节分成3个部分，首先从浙江省层面分析浙江省能源消费及污染物排放问题和论述浙江省海洋经济结构与总体经济结构的相似性，指明用GOP与GDP的比值计算海洋经济层面相关指标的合理性。其次，从政策制定、产业结构、研发投入、资源消耗和污染物排放等方面分析浙江省海洋节能减排现状。最后，使用PCA预警方法对2011—2016年浙江省海洋节能减排综合警值进行测算。

一、浙江省能源消费及污染物排放问题

（一）能源消费增长与经济发展趋势之间的关系

21世纪以来，浙江省的经济有了突破性的发展。从人均GDP来看，2005—2016年间，浙江省人均GDP总量高于全国水平50%以上，且年均增长率为13.55%，高出全国水平2.14个百分点。从GDP总量来看，浙江省GDP从2006年的15718亿元发展到2016年的47251亿元，10年内增加了3倍，年均增长11.6%。从GDP占全国比重来看，从1993年开始，浙江省GDP占全国比重就在6%以上，并保持在一个稳定的水平，个别年份甚至突破7%。

但与此同时，浙江省能源消费总量也呈逐年递增的态势，2006年就达到了13219万吨标准煤，约占全国能源消费总量的4.61%。从表4-9可以看出，在“十一五”和“十二五”期间，浙江省能源消费总量从2006年的13219万吨标准煤增加到2016年的20276万吨标准煤，年均增长率达到4.37%，高于同期全国能源消费4.29%的增长速度。

表4-9　浙江省能源消费总量及GDP与全国的比较

年份	能源消费总量/万吨标准煤		GDP/亿元		浙江省占全国比重/%	
	浙江	全国	浙江	全国	能源消费总量	GDP
2006	13219	286467	15718	219439	4.61	7.16
2007	14524	311442	18754	270232	4.66	6.94
2008	15107	320611	21463	319516	4.71	6.72
2009	15567	336126	22998	349081	4.63	6.59

续　表

年份	能源消费总量/万吨标准煤		GDP/亿元		浙江省占全国比重/%	
	浙江	全国	浙江	全国	能源消费总量	GDP
2010	16865	360648	27748	413030	4.68	6.72
2011	17827	387043	32363	489301	4.61	6.61
2012	18076	402138	34739	540367	4.49	6.43
2013	18640	416913	37757	595244	4.47	6.34
2014	18826	425806	40173	643974	4.42	6.24
2015	19610	429905	42886	689052	4.56	6.22
2016	20276	435819	47251	744127	4.65	6.35

从图 4-5 可以看出，浙江省经济增长和能源消费总量增长呈现基本平行的态势，也由此印证了经济增长比较依赖能源。虽然单位 GDP 能耗有逐年递减趋势（见图 4-6），但能源消费弹性系数走势呈现锯齿状（见图 4-7）。除 2012 年和 2014 年能源消费弹性系数较小（介于 0.1—0.2 之间）外，其余年份的能源消费弹性系数均在 0.3 以上，且有半数的年份能源消费弹性系数大于 0.5，这些都反映了浙江省经济发展对能源的依赖性较强。

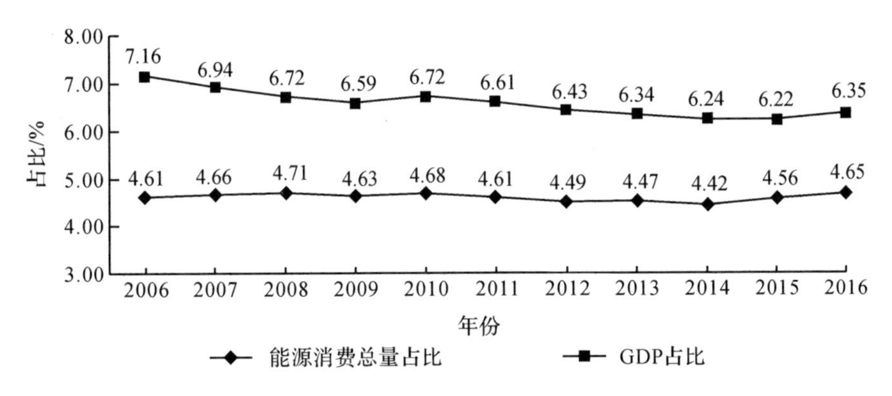

图 4-5　浙江省能源消费总量与 GDP 占全国百分比

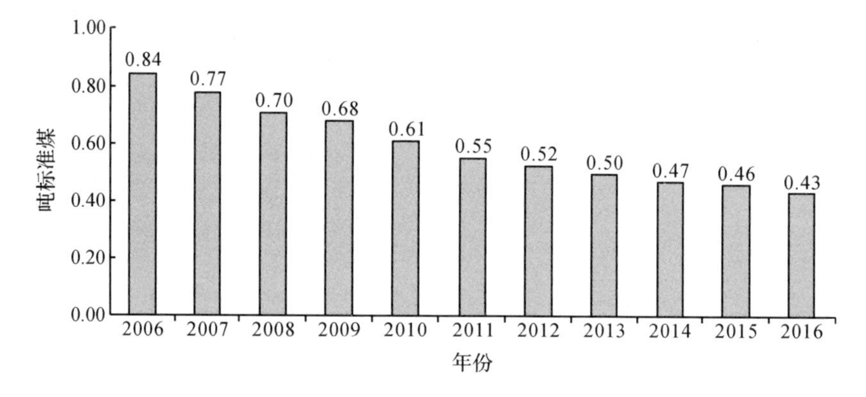

图 4-6　浙江省万元 GDP 能耗

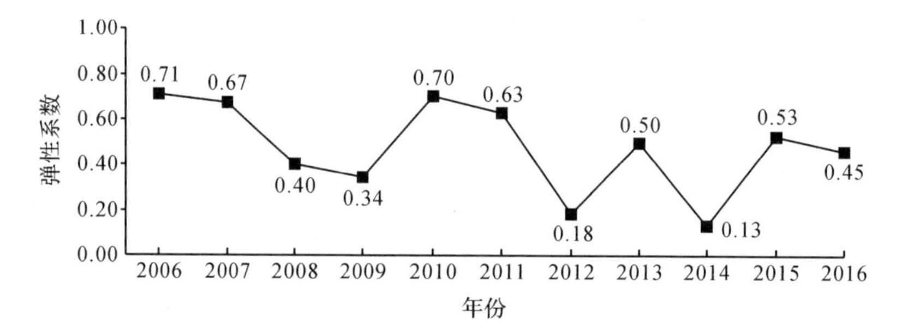

图 4-7　浙江省 2006—2016 年能源消费弹性系数

进一步，考虑浙江省海洋能源消费总量和浙江省海洋生产总值的关系。由于浙江省海洋能源总量是估算的，所以有必要验证估算方法的合理性。如图 4-8 所示，海洋生产总值和海洋经济能源消耗量变化趋势基本相同，说明海洋经济的发展对能源非常依赖，这与图 4-5 所反映出的趋势相同，可以大致说明估算方法是合理的。

以上分析说明了 2 点：浙江省经济发展对能源的依赖性较高；计算海洋经济的能源消耗量方法是合理的（海洋经济的能源消耗量＝能源消耗总量×海洋经济增加值/全省生产总值）。

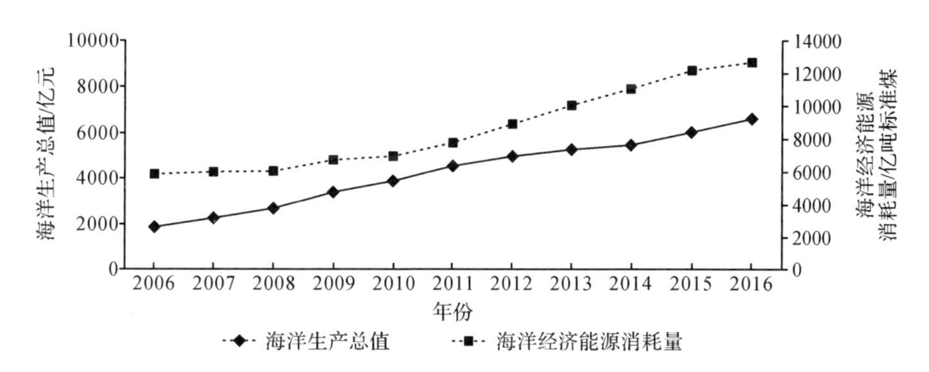

图 4-8　浙江省海洋生产总值和海洋经济能源消耗量关系图

(二)能源消费结构和能源安全问题

浙江省的一次能源消费结构以煤炭为主,其中发电用煤占了 50%以上。2006 年浙江全省煤炭消费占一次能源消费的 85.74%,远高于国外水平,比国内平均水平高出 18.9 个百分点。2006—2017 年间,煤炭消费量占比有下降趋势,但直到 2017 年,煤炭消费量占能源消费总量比例仍不容乐观,为 67.82%。具体数据如表 4-10 所示。

表 4-10　浙江省煤炭消费和能源消费情况表

年份	煤炭消费/万吨	能源消费合计/万吨标准煤	煤炭消费占比/%
2006	11334	13219	85.74
2007	13024	14524	89.67
2008	13041	15107	86.32
2009	13276	15567	85.28
2010	13950	16865	82.72
2011	14776	17827	82.89
2012	14374	18076	79.52
2013	14161	18640	75.97
2014	13824	18826	73.43
2015	13826	19610	70.51
2016	13948	20276	68.79
2017	14262	21030	67.82

数据来源:《中国能源统计年鉴》《浙江统计年鉴》。

煤炭并非清洁能源，煤炭燃烧会产生大量的二氧化碳和二氧化硫，这些气体对大气环境污染严重，而且大量的煤炭燃烧所产生的废气会产生巨大的治理成本。从表4-10的历年煤炭消费情况可以估计浙江省的废气治理量会呈逐年递增的态势。

另外，本书将通过全省工业二氧化硫排放量、海洋生产总值和生产总值对海洋二氧化硫排放量进行估算。为了检验估算方法的合理性，绘制海洋二氧化硫排放量与煤炭消费量的关系（见图4-9）。若海洋二氧化硫排放量的趋势与煤炭消费量的趋势相似，那么说明估算方法是合理的。

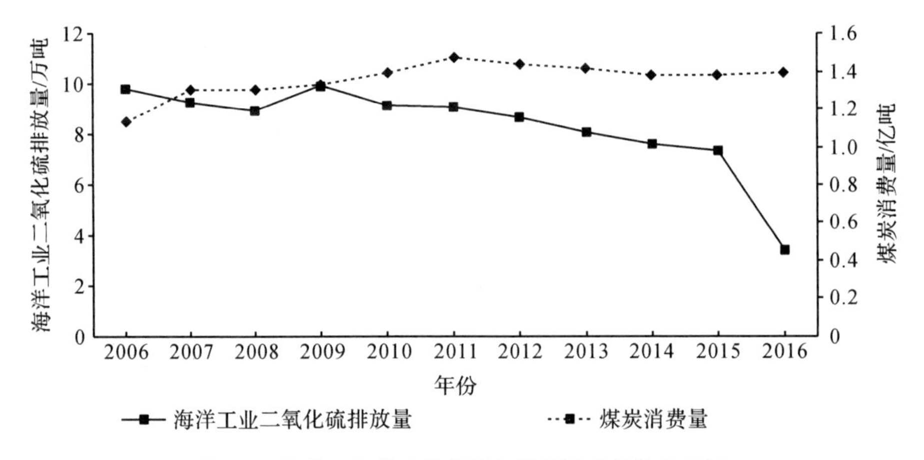

图4-9 海洋二氧化硫排放量与煤炭消费量的关系图

浙江省经济发达，但能源、资源短缺。生产与生活所用的煤炭、原油、天然气基本依赖省外调入或进口。《浙江省能源发展“十三五”规划》数据显示，在“十二五”期间，全省一次能源自给率仅5.3%（当量值），有94.5%依赖国外或省外市场。能源供给的高度外向依赖性，加之国际市场上能源价格和安全保障等诸多不确定因素，严重制约了浙江省经济社会的可持续发展。因此，浙江地区存在着较为严重的能源安全问题，而海洋经济发展的前提就是缓解浙江省的能源安全问题，则节能减排的作用进一步凸显。

通过以上分析，可以得到3点结论：①浙江省能源消费结构不合理，煤炭消费占比过高；②计算海洋污染物排放量的方法是基本合理的（海洋污染物排放量＝工业污染物排放量×海洋经济增加值/全省生产总值）；③浙江省能源自给能力不足，多依靠省外调入或进口。

(三)海洋生产总值与全省生产总值关系

浙江省海洋生产总值(GOP)与生产总值(GDP)的关系如表4-11所示。数据显示,2006年以来,全省GOP总量持续增长,至2016年,浙江省的GOP是2006年的3.55倍,年均增长速度13.52%,高出同期GDP年均增长速度1.88个百分点。另外,2009年以来,GOP占GDP的比例基本维持在14%左右,体现出海洋经济在浙江省国民经济中的地位逐渐提高(见表4-11)。

表4-11　浙江省GOP与GDP比较

年份	GOP/亿元	GDP/亿元	比例/%
2006	1856.50	15718.47	11.81
2007	2244.40	18753.73	11.97
2008	2677.00	21462.69	12.47
2009	3392.60	22998.24	14.75
2010	3883.50	27747.65	14.00
2011	4536.80	32363.38	14.02
2012	4947.50	34739.13	14.24
2013	5257.90	37756.58	13.93
2014	5437.70	40173.03	13.54
2015	6016.60	42886.49	14.03
2016	6597.80	47251.36	13.96

本节意在研究海洋能源消费情况和海洋污染物排放情况,以期为节能减排工作提供相关依据。但目前统计年鉴中未收录分地区海洋能源消费和海洋经济产生的污染物排放情况的相关数据,故本节中相应数据都是根据浙江省海洋生产总值占全省生产总值的比例换算得来的。

这种换算的前提是假设单位GDP能耗在各个产业中是均匀分布的。前文已经证明,海洋经济结构与总体经济结构存在相似性,海洋能源消费量与能源消费量,以及海洋污染物排放量和工业污染物排放量存在相似性,故后文将使用GOP占GDP的比例来计算海洋经济相关指标。

二、海洋节能减排现状分析

浙江省对海洋经济的认识是循序渐进的。最初，浙江省对海洋与经济的相互作用的认识较为模糊，戴着“能源小省”的帽子，经济发展受到制约。20世纪80年代时，浙江省提出“面向大海重新出发”的口号，开始对海洋进行调研，据此从海洋中探索资源优势。发展海洋经济不仅能促进浙江省经济的发展，还能给各产业发展提供丰富的资源保障，缓解浙江的能源短缺问题。然而，经济发展受环境制约的矛盾也逐渐凸显，深化海洋领域节能减排工作逐渐得到重视。

（一）政策现状

目前，浙江没有针对海洋节能减排的相关文件，只有关于全产业节能减排的文件。比如，在《浙江省“十三五”节能减排综合工作方案》中，提到“加快推进可再生能源规模化发展，重点推进分布式光伏发电发展和海上风电示范工程建设，加强海洋能的研究开发”；在《浙江省能源发展“十三五”规划》中，提到“根据我省可再生能源品种丰富的实际，多途径探索开发海洋能、潮汐能、生物质能等各种可再生能源”，“重点支持海岛独立电力系统示范应用，加大潮流能、波浪能示范工程建设”等。这些说法都是鼓励在发展海洋经济的过程中探索清洁的可再生能源，减少对煤炭等资源的消耗，从而降低有害物质的排放。

（二）海洋产业结构现状

除了发展海洋清洁能源外，浙江省以节能减排为导向推动了海洋产业升级和海洋产业结构调整。和传统产业结构理论一致，海洋第三产业增加值占比越高意味着产业结构越优化。2006—2016年间，从表中可以看出海洋第三产业增加值呈现递增的态势，说明浙江省海洋经济结构处在初步优化的过程中（见表4-12）。2016年海洋第三产业增加值为2006年的3.87倍，2016年的海洋生产总值为2006年的3.55倍，且10年间海洋第三产业的增加值年均增长速度为14.5%，高出同期海洋生产总值年均增长速度0.98个百分点。

表 4-12　浙江省海洋三次产业结构表

年份	第一产业/亿元	第二产业/亿元	第三产业/亿元	海洋生产总值/亿元	海洋第三产业增加值比重/%
2006	137.8	736.1	982.6	1856.5	52.93
2007	154.0	909.6	1180.8	2244.4	52.61
2008	232.0	1123.9	1321.1	2677.0	49.35
2009	238.3	1558.9	1595.3	3392.6	47.02
2010	286.7	1763.3	1833.6	3883.5	47.22
2011	350.4	2022.2	2164.2	4536.8	47.70
2012	369.7	2180.4	2397.4	4947.5	48.46
2013	378.1	2258.2	2621.5	5257.9	49.86
2014	427.6	2004.5	3005.7	5437.7	55.28
2015	462.0	2164.2	3390.4	6016.6	56.35
2016	499.3	2292.6	3805.9	6597.8	57.68

（三）海洋经济研发投入

要达到减少能源消耗的目的，开发新能源和研发能提高有害物质处理效率的设备至关重要。因此，海洋科研是深化节能减排工作的关键。科学研究需要大量的科研经费投入，如图 4-10 所示，2011 年以来（2011 年开始，《中国海洋统计年鉴》将海洋科研机构 R&D 经费内部支出纳入统计范畴），浙江省每年的 R&D 经费内部支出和人均 R&D 经费内部支出均在整体上呈现出递增的态势。若以海洋科研机构 R&D 经费内部支出来反映节能减排工作的成效，可以想见，未来将会有更多的新技术应用于海洋产业，海洋产业的节能减排工作稳中向好。

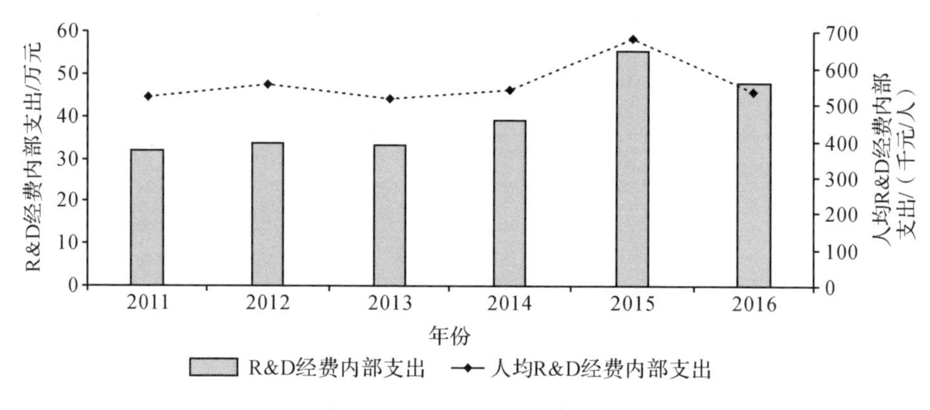

图 4-10　海洋科研机构 R&D 经费内部支出情况

(四)资源消耗现状

减少能源和资源的消耗是节能减排工作的重要方面。本节前面着重探讨的是减少能源消耗方面,而生物资源的消耗情况同样备受关注。在海洋生物资源中,渔业资源作为不可再生资源是海洋经济的重要组成部分,而减少捕捞量和增加养殖量是实现渔业资源可持续发展的必要途径。如表 4-13 数据显示,近年来,全省海水养殖产量明显上升,而海水养殖产量占水产品总量的比重较为稳定,且在 2016 年有增大趋势,可见渔业捕捞量的下降。

表 4-13　海水养殖产量情况

年份	海水养殖产量/吨	海水养殖产量占水产品总产量比重/%
2006	886147	21.28
2007	861274	25.51
2008	840463	20.44
2009	857893	20.57
2010	825730	21.66
2011	844941	20.56
2012	861364	19.97
2013	871700	19.67
2014	897940	19.21
2015	933431	19.17
2016	1017702	20.76

(五)污染物排放现状

污染物排放量也是衡量海洋节能减排工作成效的一大指标。如图4-11所示,2006—2016年间,浙江省主要海洋污染物排放量呈递减的趋势,特别是海洋氮氧化物的排放量出现了明显下降。

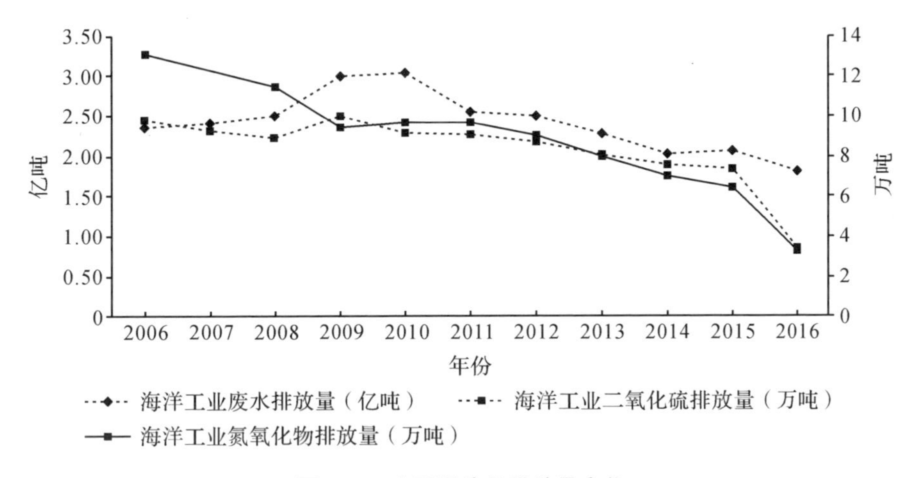

图4-11　主要污染物排放量变化

从以上几个方面来看,尽管浙江省在海洋节能减排工作中取得了一些成效,但仍存在诸多问题。首先,全省能源消费增速虽有减缓,但能源消费总量继续上升。其次,产业结构持续优化,但产业结构重型化格局没有发生根本性改变,海洋第三产业占比没有达到压倒性程度。最后,相应的法律法规不够完善,尚缺少针对海洋节能减排工作的文件和规章制度。

三、浙江省海洋节能减排监测预警实证研究

(一)预警指标体系的建立与数据处理

1. 指标体系建立

本节所选取的16个指标均来自2011—2016年《中国海洋统计年鉴》《浙江统计年鉴》《中国环境年鉴》和《中国能源统计年鉴》,所有统计指标口径相同。指标体系如表4-14所示。

表 4-14 浙江省海洋节能减排预警指标体系

一级指标	二级指标	三级指标
海洋经济价值量指标	海洋经济价值量指标	海洋生产总值
		海洋第一产业产值
		海洋第二产业产值
		海洋第三产业产值
		海洋固定资产投资总额
		海洋从业人员数量
海洋节能减排直接指标	资源能源消耗指标	海洋能源消耗总量
		单位能耗海洋生产总值
	污染物排放指标	海洋二氧化硫排放量
		海洋氮氧化物排放量
		海洋废水排放量
海洋节能减排相关指标	产业转型升级指标	海洋服务业增加值比重
		海水养殖产量
		海水养殖产量占水产品总产量比重
		R&D 经费内部支出
		人均 R&D 经费内部支出

2. 指标计算方法

部分指标具体计算方法如下：

(1)单位能耗海洋生产总值。单位能耗海洋生产总值即为海洋生产总值与海洋能源消耗总量的比值。

(2)海洋经济劳动力。严格来说，劳动力投入由从业人员的有效劳动时间衡量，但由于数据缺失，故本书采用海洋经济从业人员指标代替。

(3)海水养殖量占比。海水养殖量占比即为海水养殖产量占水产品总产量的比重。

(4)海洋经济总能耗。该指标以海洋经济总能耗表示，单位为亿吨标准煤。计算方法为：

$$\text{海洋经济总能耗}=\frac{\text{GOP}}{\text{GDP}}\times\text{总能耗} \tag{4-15}$$

（5）污染物排放量。该项用海洋废水排放量（万吨）、海洋二氧化硫排放量（吨）、海洋氮氧化物排放量（吨）表示。计算方法分别为：

$$\text{海洋废水排放量}=\frac{\text{GOP}}{\text{GDP}}\times\text{工业废水排放量} \tag{4-16}$$

$$\text{海洋二氧化硫排放量}=\frac{\text{GOP}}{\text{GDP}}\times\text{工业二氧化硫排放量} \tag{4-17}$$

$$\text{海洋氮氧化物排放量}=\frac{\text{GOP}}{\text{GDP}}\times\text{工业氮氧化物排放量} \tag{4-18}$$

此处，考虑到生活污染物排放与海洋产业没有关系，故使用工业污染物排放量而不考虑生活污染物排放量。

（6）海洋服务业占比。海洋服务业占比即为海洋第三产业增加值占海洋经济增加值的比重。

（7）人均R&D经费内部支出。人均R&D经费内部支出即为海洋科研部门R&D经费内部支出与海洋科研部门R&D人员数量之比。

3．数据归一化

由于不同指标的数值范围不同，量纲也存在差异，故需要对数据进行标准化。若是正指标，公式如下：

$$z_{ij}=\frac{x_{ij}-\bar{x}_j}{S_j}(i=1,2,\cdots,9;j=1,2,\cdots,16) \tag{4-19}$$

若是负指标（海洋能源消耗总量、单位能耗海洋生产总值、海洋氮氧化物排放量、海洋二氧化硫排放量和海洋废水排放量），公式如下：

$$z_{ij}=\frac{\bar{x}_j-x_{ij}}{S_j}(i=1,2,\cdots,9;j=1,2,\cdots,16) \tag{4-20}$$

其中，x_{ij} 表示第 i 年的第 j 个预警指标的原始数据；$\bar{x}_j$ 和 S_j 表示第 j 个指标的均值和方差。

（二）指标警界的确定及划分

1．指标警界的确定

对于指标警界的确定，根据 3σ 准则确定预警区间的临界值。

若随机变量 X 服从 $N(\mu,\sigma^2)$，则 X 的概率密度函数为：

$$\varphi(x)=\frac{1}{\sqrt{2\pi}\sigma}e^{-\frac{(x-\mu)^2}{2\sigma^2}}(\sigma>0,-\infty<x<+\infty) \tag{4-21}$$

则 X 的取值落在 $[\mu-\sigma,\mu+\sigma]$ 的概率为68.26%，落在 $[\mu-2\sigma,\mu+2\sigma]$

的概率为95.45%，落在$[\mu-3\sigma,\mu+3\sigma]$的概率为99.73%，而落在$3\sigma$之外的概率不足3%。通常认为，在一次试验中，随机变量落在区间$[\mu-3\sigma,\mu+3\sigma]$之外的情况是不会发生的。因此，可参照$3\sigma$准则划分预警区间。在进行指标预警区间划分时只考虑$[\mu-3\sigma,\mu+3\sigma]$之内的取值，故将指标警界设定为$\bar{x}-2\sigma$，$\bar{x}-\sigma$，$\bar{x}+\sigma$，$\bar{x}+2\sigma$。

2. 指标警度的划分

海洋节能减排预警指标是海洋经济价值量指标、海洋节能减排直接指标、海洋节能减排相关指标等3个方面综合作用的结果。节能减排工作从根本上来说建立在科学技术和经济实力的基础上，所以该工作呈现出循序渐进的特点。若节能减排工作进行得过慢，会给自然环境带来不可逆的伤害，威胁人类和其他生物生存家园的安宁，也给未来的治理造成极大麻烦；而若节能减排工作成效好，也会给工厂带来很大的经济压力，不利于海洋经济的可持续发展。此外，在节能减排工作中，在节约能源、提高其使用效率的同时，还要大力开发新能源，优化产业布局，培育新兴产业。因此，本节为有效监测预警海洋节能减排工作，在前述4个临界值的划分基础上，参照信号灯原理设置发展警度。

根据预警指标临界值的设定，首先将海洋节能减排状态划分为5个预警区间：区间$(-\infty,\bar{x}-2\sigma]$表示过冷，区间$(\bar{x}-2\sigma,\bar{x}-\sigma]$表示发展偏冷，区间$(\bar{x}-\sigma,\bar{x}+\sigma]$表示正常，区间$(\bar{x}+\sigma,\bar{x}+2\sigma]$表示偏热，区间$(\bar{x}+2\sigma,+\infty)$表示过热。其次，分别赋予这5个等级1—5的分值，并依次用灰灯、蓝灯、绿灯、黄灯和红灯进行标记(见表4-15)。

表4-15　预警状态相应区间划分

预警状态	过冷	偏冷	正常	偏热	过热
区间	$(-\infty,\bar{x}-2\sigma]$	$(\bar{x}-2\sigma,\bar{x}-\sigma]$	$(\bar{x}-\sigma,\bar{x}+\sigma]$	$(\bar{x}+\sigma,\bar{x}+2\sigma]$	$(\bar{x}+2\sigma,+\infty)$
得分	1分	2分	3分	4分	5分
警示信号灯	●	●	●	●	●

(三)基于PCA预警模型的实证分析

1. 综合指标警度分析

该小节主要运用主成分方法计算浙江省海洋节能减排预警体系综合警度。主成分分析法由Pearson(1901)提出，后来被Hotelling(1993)等扩展，该方法是利用降维的思想，在损失少量信息的前提下，从多个变量中剔除一部分变量，只留下少数几个变量进行后续的统计分析。被留下的变量被称为主成分，且各主成分无线性相关性，并能包含原始变量绝大部分的信息。

本节构建的海洋节能减排预警体系包含16个指标，数据时间跨度为2011—2016年。由于指标体系维度较大，且指标间存在一定的相关性，故选择主成分分析方法进行数据降维和警情判断。图4-12是针对预警体系进行主成分分析的碎石图。

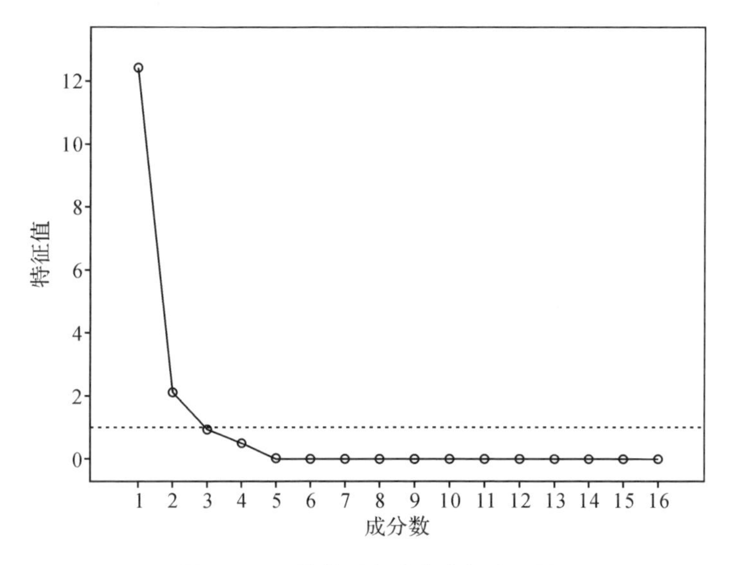

图4-12　预警体系主成分分析碎石图

为了达到简化预警体系并保留原始数据尽可能多的信息的目的，本节保留特征值大于1并使累计贡献率大于70%的主成分。表4-16为预警指标体系所保留的部分主成分信息。

表4-16　预警指标体系各主成分信息表

主成分	特征值	贡献率/%	累计贡献率/%
f_1	12.417	77.607	77.607
f_2	2.120	13.253	90.860

不失一般性，此处保留了2个主成分，以向量形式表示为(f_1, f_2)，作为预警指标体系新的综合指标，进一步可以得到主成分的系数矩阵，如表4-17所示。

表 4-17　各主成分因子载荷矩阵表

变量	f_1	f_2
海洋生产总值 x_1	0.997	0.049
海洋第一产业产值 x_2	0.990	−0.057
海洋第二产业产值 x_3	0.511	0.490
海洋第三产业产值 x_4	0.998	−0.029
海洋固定资产投资总额 x_5	0.994	−0.077
海洋从业人员数量 x_6	0.980	−0.107
海洋能源消耗总量 x_7	−0.918	−0.166
单位能耗海洋生产总值 x_8	−0.987	0.026
海洋二氧化硫排放量 x_9	0.901	0.413
海洋氮氧化物排放量 x_{10}	0.972	0.210
海洋废水排放量 x_{11}	0.949	−0.026
海洋服务业增加值比重 x_{12}	0.955	−0.155
海水养殖产量 x_{13}	0.967	0.214
海水养殖产量占水产品总产量比重 x_{14}	−0.131	0.895
R&D 经费内部支出 x_{15}	0.857	−0.400
人均 R&D 经费内部支出 x_{16}	0.406	−0.764

主成分是原始变量的线性组合，故上述 2 个主成分可以表示为：

$$f_i = \alpha_{i1}x_1 + \alpha_{i2}x_2 + \alpha_{i3}x_3 + \cdots + \alpha_{i16}x_{16}(i = 1,2) \tag{4-22}$$

通过主成分分析法将 16 个预警指标构成的预警体系简化为由 2 个主成分表示的预警体系，但各个主成分对保留原始指标信息量的能力并不一致，第一主成分能保留原始变量 77.61％的信息，第二主成分只能保留 13.25％的信息。因此，本节采用如下方法来确定第 i 个主成分的权重 β：

$$\beta(f_i) = \frac{\lambda_i}{\sum_{i=1}^{2}\lambda_i}(i = 1,2) \tag{4-23}$$

由式(4-22)可得各个时期主成分的值，并由式(4-23)确定各个主成分的权重，具体结果如表 4-18 所示。

表 4-18　2011—2016 年主成分得分表

年份	f_1	f_2
2011	1281315.56	110645.63
2012	1302449.30	104220.56
2013	1289376.57	104071.88
2014	1349806.87	81622.30
2015	1519397.04	20866.55
2016	1466010.75	46939.26
$\beta(f_i)$	0.85	0.15

综上，海洋节能减排综合警值计算公式为：

$$W = \beta_1 \times f_1 + \beta_2 \times f_2 = 0.85 \times f_1 + 0.15 \times f_2 \tag{4-24}$$

2011—2016 年综合警值如表 4-19 所示。

表 4-19　2011—2016 年综合警值表

年份	综合警值 W
2011	−12.66
2012	−7.92
2013	−3.81
2014	0.50
2015	7.83
2016	16.07

参照预警区间划分情况，得到浙江省海洋节能减排预警区间划分（见表 4-20），并判断各个时期节能减排风险警度，判断结果如表 4-21 所示。

表 4-20　浙江省海洋节能减排预警区间划分表

警界	$(-\infty, \bar{x}-2\sigma]$	$(\bar{x}-2\sigma, \bar{x}-\sigma]$	$(\bar{x}-\sigma, \bar{x}+\sigma]$	$(\bar{x}+\sigma, \bar{x}+2\sigma]$	$(\bar{x}+2\sigma, +\infty)$
警值	$(-\infty, -21.11]$	$(-21.11, -10.56]$	$(-10.56, 10.56]$	$(10.56, 21.11]$	$(21.11, +\infty)$
警度	过冷	偏冷	正常	偏热	过热
得分	1 分	2 分	3 分	4 分	5 分
信号灯	●	●	●	●	●

表 4-21　浙江省海洋节能减排警度判断表

年份	警值	警值得分	警度判断	信号灯
2011	−12.66	2 分	偏冷	●
2012	−7.92	3 分	正常	●
2013	−3.81	3 分	正常	●
2014	0.50	3 分	正常	●
2015	7.83	3 分	正常	●
2016	16.07	4 分	偏热	●

由表 4-21 可以看出，2011—2016 年之间，浙江省海洋节能减排综合预警指数得分大多处于[−10.56，10.56]之间，这表明浙江省海洋节能减排大致维持在一个较稳定且正常的状态。

2. 单个指标警度分析

单个预警指标的数值波动，不仅反映了预警指标本身的风险状况，也反映了决定海洋节能减排风险的强度。因此，单个预警指标的警度强弱也是分析海洋节能减排警度的重要依据。

下面，参照综合指标的警度分析，对单个指标警度区间进行划分，结果如表 4-22 所示。由表 4-22 可知，单个预警指标警情状态区间与海洋节能减排综合预警等级（见表 4-15）保持一致。

表 4-22　单个预警指标预警区间

警界	$(-\infty, \bar{x}-2\sigma]$	$(\bar{x}-2\sigma, \bar{x}-\sigma]$	$(\bar{x}-\sigma, \bar{x}+\sigma]$	$(\bar{x}+\sigma, \bar{x}+2\sigma]$	$(\bar{x}+2\sigma, +\infty)$
海洋生产总值 x_1	(−∞，3980]	(3980，4723]	(4723，6309]	(6209，6952]	(6952，+∞)
海洋第一产业产值 x_2	(−∞，298]	(298，356]	(356，473)	(473，531]	(531，+∞)
海洋第二产业产值 x_3	(−∞，1916]	(1916，2035]	(2035，2273]	(2273，2391]	(2391，+∞)
海洋第三产业产值 x_4	(−∞，1650]	(1650，2274]	(2274，3521]	(3521，4145]	(4145，+∞)
海洋固定资产投资总额 x_5	(−∞，1433]	(1433，2240]	(2240，3853]	(3853，4660]	(4660，+∞)

续　表

警界	$(-\infty,\bar{x}-2\sigma]$	$(\bar{x}-2\sigma,\bar{x}-\sigma]$	$(\bar{x}-\sigma,\bar{x}+\sigma]$	$(\bar{x}+\sigma,\bar{x}+2\sigma]$	$(\bar{x}+2\sigma,+\infty)$
海洋从业人员数量 x_6	(−∞,411]	(411,420]	(420,438]	(438,448]	(448,+∞)
海洋能源消耗总量 x_7	(−∞,2375]	(2375,2506]	(2506,2766]	(2766,2897]	(2897,+∞)
单位能耗海洋生产总值 x_8	(−∞,16921]	(16921,18786]	(18786,22514]	(22514,24378]	(24378,+∞)
海洋二氧化硫排放量 x_9	(−∞,32872]	(32872,53259]	(53259,94034]	(94034,114422]	(114422,+∞)
海洋氮氧化物排放量 x_{10}	(−∞,26334]	(26334,49347]	(49347,95372]	(95372,118384]	(118384,+∞)
海洋废水排放量 x_{11}	(−∞,16268]	(16268,19164]	(19164,24954]	(24954,27850]	(27850,+∞)
海洋服务业增加值比重 x_{12}	(−∞,0.44]	(0.44,0.48]	(0.48,0.57]	(0.57,0.61]	(0.61,+∞)
海水养殖产量 x_{13}	(−∞,777459]	(777459,840986]	(840986,968040]	(968040,1031567]	(1031567,+∞)
海水养殖产量占水产品总产量比重 x_{14}	(−∞,0.182]	(0.182,0.191]	(0.191,0.209]	(0.209,0.218]	(0.218,+∞)
R&D 经费内部支出 x_{15}	(−∞,210513]	(210513,306495]	(306495,498459]	(498459,594441]	(594441,+∞)
人均 R&D 经费内部支出 x_{16}	(−∞,434]	(434,496]	(496,619]	(619,681]	(681,+∞)

2011—2016 年浙江省海洋节能减排单个预警指标警情等级状态如表 4-23 所示。可见，16 个单个预警指标警示状态总体上为正常，所有指标都有收敛到正常的趋势（正常指标数值为 3）。以单个指标预警等级的具体特征来看，各指标的警情在时间趋势上呈现出一定的差异性。其中，海洋氮氧化物排放量、海洋废水排放量在 6 年里总体处于偏热状态，可见浙江省在 2011—2016 年非常重视减少有害物质排放工作，并取得了良好的成效。另

外，海水养殖产量占水产品总产量比重总体也处于偏热状态，说明浙江省越来越注重渔业资源的保护。

表 4-23　单个指标警情等级表

单个指标	2011	2012	2013	2014	2015	2016
海洋生产总值 x_1	2	3	3	3	2	3
海洋第一产业产值 x_2	2	3	3	3	2	3
海洋第二产业产值 x_3	2	3	3	2	2	3
海洋第三产业产值 x_4	2	3	3	3	2	3
海洋固定资产投资总额 x_5	2	3	3	3	2	3
海洋从业人员数量 x_6	2	3	3	3	2	3
海洋能源消耗总量 x_7	2	3	3	3	2	3
单位能耗海洋生产总值 x_8	2	3	3	3	2	3
海洋二氧化硫排放量 x_9	3	3	3	3	3	3
海洋氮氧化物排放量 x_{10}	4	3	3	3	4	3
海洋废水排放量 x_{11}	4	4	3	3	4	4
海洋服务业增加值比重 x_{12}	2	2	3	3	2	2
海水养殖产量 x_{13}	3	3	3	3	3	3
海水养殖产量占水产品总产量比重 x_{14}	4	3	3	2	4	3
R&D 经费内部支出 x_{15}	3	3	3	3	3	3
人均 R&D 经费内部支出 x_{16}	3	3	3	3	3	3

第四节　浙江省海洋自然灾害防控监测预警

一、海洋防灾减灾监测预警分析

（一）缺失值处理

1. 线性插值法

海洋防灾减灾监测预警指标历年数据存在缺失。不失一般性，对于缺失数据采用线性插值法填补（见图 4-13）。

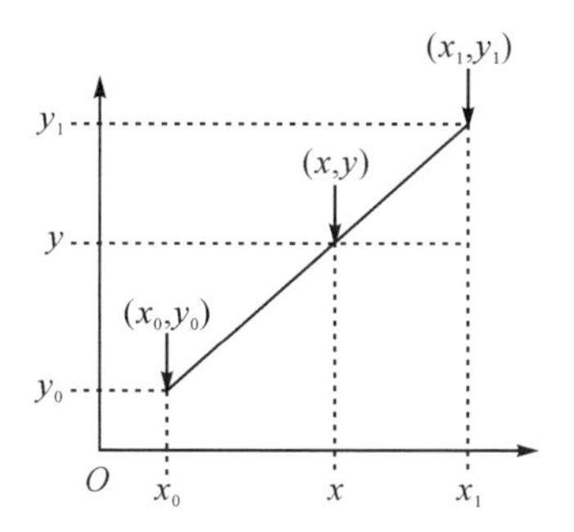

图 4-13　线性插值图

假设已知函数 $y=f(x)$ 的 2 个点 (x_0,y_0) 和 (x_1,y_1)，求在 $[x_0,x_1]$ 区间内某一位置 x 在直线 y 上的值，即

$$y=f(x)=a+bx \tag{4-25}$$

且满足

$$y_0=f(x_0),\ y_1=f(x_1) \tag{4-26}$$

则

$$b=\frac{x-x_0}{x_1-x_0}=\frac{y-y_0}{y_1-y_0} \tag{4-27}$$

进而，有

$$y=(1-b)y_0+by_1 \tag{4-28}$$

综上，可以直接通过 b 计算得到 y 的值。该方法就成为线性插值法。

2. 极差变化法

由于各个指标之间的量纲不同，不能直接对各指标进行评价，为使评价更加合理，可采用极差变化法消除量纲。

当评价指标为正指标时，

$$A_{ij}=\frac{X_{ij}-\min(X_{ij})}{\max(X_{ij})-\min(X_{ij})} \tag{4-29}$$

当评价指标为逆指标时，

$$A_{ij}=\frac{\max(X_{ij})-X_{ij}}{\max(X_{ij})-\min(X_{ij})} \tag{4-30}$$

其中，A_{ij} 为第 j 个评价对象在第 i 个指标上的标准值；X_{ij} 为第 j 个评价对象在第 i 个指标上的实际值；$\max(X_{ij})$ 和 $\min(X_{ij})$ 分别为第 i 个评价对象中的最大值和最小值。

3. 致灾因子指标数据处理

致灾因子危险性可根据作业条件危险性评价法进行赋值处理。海洋灾害的危险性评价一般不考虑灾害强度，而是针对性地考虑其突发性以及对人类生产、生活造成的影响，可由事故发生可能性大小(L)、暴露在危险环境中的频繁程度(E)和发生事故后造成的损失(C)相乘得到：

$$D_i = L_i \times E_i \times C_i \tag{4-31}$$

其中，D_i 为海洋单因子灾害指数；L_i 为海洋灾害因子发生的平均概率；E_i 为承灾体暴露于灾害因子中的时间；C_i 为海洋灾害因子可能造成的损失。

对 L、E、C 的具体指标解释如下。

事故发生可能性大小(L)：用灾害因子发生的平均概率来表示，必然发生的事件为1，不可能发生的事件为0。由于概率计算数据不完备，本节采用各因子发生的频率表示灾害发生的可能性。

暴露在危险环境中的频繁程度(E)：处于危险环境中的时间越长，危险性就越大。海洋灾害发生时间越长，对应的分数值就越大，突发型灾害发生时间越短，危险性分数值就越小。根据以上关系，做出如下规定：每年只有一天处于危险环境的情况为1，连续处于危险环境中则为10(见表4-24)。

表 4-24　处于危险环境等级划分

指标	处于危险环境情况的分数(E 值)
连续处于危险环境中	10
年均几十天处于危险环境中	5
年均几天处于危险环境中	3
年均1天左右处于危险环境中	1
几年一次处于危险环境中	0.5

发生事故后造成的损失(C)：反映承灾体在面临海洋灾害时会造成的损失程度。本节采用多个海洋主要灾害造成的损失来综合表示海洋灾害易损度。根据2011—2017年《浙江省海洋灾害公报》可知，影响浙江省的海洋灾害主要有风暴潮、海浪、赤潮和海水低温等。由于数据的不完备性，本节选取风暴潮、海浪和赤潮三大主要灾害对浙江省海洋灾害易损度进行统计分析，并计算单因子灾害易损度(SDV)。

针对风暴潮灾害指数，主要选取死亡失踪人数、海水养殖受灾面积、海洋工程受损长度、沉没损毁船只和直接经济损失5个指标。将原始数据按照等级划分，如表4-25所示，分值由高至低分别表示风暴灾害损失的不同严重程度，分值越高表示受灾越严重。

表 4-25　风暴潮灾害等级划分

指标	5	4	3	2	1
死亡失踪人数/人	≥200	200—100	100—30	30—10	<10
海水养殖受灾面积/平方千米	≥500	500—200	200—100	100—10	<10
海洋工程损失长度/千米	≥600	600—300	300—100	100—30	<30
沉没损毁船只/只	≥4000	4000—2000	2000—1000	1000—300	<300
直接经济损失/亿元	≥100	100—50	50—20	20—5	<5

针对海浪灾害指数，指标的选取与风暴潮灾害指数的指标相同，但由于 2 种灾害的破坏力不同，等级划分标准设定也不同。海浪灾害损失等级划分标准如表 4-26 所示，对 5 个等级赋予 5—1 的分值，数值越大表示海洋灾害损失越严重。

表 4-26　海浪灾害等级划分

指标	5	4	3	2	1
死亡失踪人数/人	≥100	100—50	50—20	20—10	<10
海水养殖受灾面积/平方千米	≥500	500—200	200—100	100—10	<10
海洋工程损失长度/千米	≥300	300—100	100—30	30—10	<10
沉没损毁船只/只	≥60	60—30	30—10	10—5	<5
直接经济损失/亿元	≥100	100—50	50—20	20—5	<5

针对赤潮灾害指数，主要选取赤潮累积面积和直接经济损失 2 个指标，灾害损失等级划分标准如表 4-27 所示。

表 4-27　赤潮灾害等级划分

指标	5	4	3	2	1
受灾累积面积/平方千米	≥2000	2000—1000	1000—500	500—200	<200
直接经济损失/亿元	≥5000	5000—1000	1000—500	500—100	<100

单因子灾害易损度的计算公式如下：

$$SDV = \sqrt{\frac{\prod_{i=1}^{n} x_i}{n}} \tag{4-32}$$

其中，x_i 为影响单因子灾害易损度的指标，n 为影响灾害易损度的指标个数。以风暴潮为例，x_i 分别为死亡失踪人数、海水养殖受灾面积、海洋工程受损长度、沉没损毁船只和直接经济损失等5个指标的受损等级程度。由于数据的可获得性受限，各指标为每年灾害发生的合计值。

（二）权重确定

海洋防灾减灾预警体系为多指标的综合体系，在体系中指标权重系数的确定要遵循精确性和科学性。在权重确定的方法上，本节采用因子分析法以避免人为主观因素的影响。因子分析法是研究事物内在的相互关系，就海洋防灾减灾预警指数评价而言，指标体系间的内在联系就是各要素间的相互影响及其对海洋防灾减灾预警程度的相对重要性，也即所需权重（见表4 28、表4-29）。

表4-28　因子分析的贡献率和累积贡献率大于70%的主要因子

主因子	F_1	F_2	F_3	F_4
特征值	17.0214	2.4684	2.2795	1.3832
方差贡献率/%	70.9226	10.2848	9.4980	5.7634
累积方差贡献率/%	70.9226	81.2074	90.7054	96.4688

表4-29　主要因子的权系数

	β_{i1}	β_{i2}	β_{i3}	β_{i4}	β_{i5}	β_{i6}	β_{i7}	β_{i8}
F_1	−0.0167	−0.0201	0.0438	0.0582	−0.0226	−0.0582	0.0580	−0.0585
F_2	−0.1006	0.1831	0.1848	0.0522	0.2085	−0.0522	0.0350	0.0290
F_3	0.2546	0.3099	−0.1982	0.0123	0.1560	−0.0087	0.0289	−0.0080
F_4	−0.5031	0.1923	0.0881	0.0100	0.4602	0.0321	−0.0779	−0.0234
	β_{i9}	β_{i10}	β_{i11}	β_{i12}	β_{i13}	β_{i14}	β_{i15}	β_{i16}
F_1	−0.0395	−0.0581	−0.0584	−0.0572	−0.0576	0.0494	−0.0461	−0.0281
F_2	0.1834	−0.0440	−0.0261	−0.0833	−0.0390	−0.1634	−0.1169	0.3052
F_3	0.1759	−0.0383	−0.0200	−0.0113	−0.0695	0.1556	0.0343	0.0959
F_4	−0.2752	0.0158	0.0289	0.0420	−0.0314	−0.0113	0.0639	−0.1676
	β_{i17}	β_{i18}	β_{i19}	β_{i20}	β_{i21}	β_{i22}	β_{i23}	β_{i24}
F_1	0.0582	0.0545	−0.0115	0.0466	0.0584	0.0548	0.0583	0.0573
F_2	0.0470	−0.0735	−0.2662	−0.0332	0.0127	−0.1132	0.0113	0.0731
F_3	0.0144	0.0940	0.2476	0.2427	0.0224	−0.0915	0.0412	0.0300
F_4	−0.0309	−0.0135	0.2816	0.0746	−0.0563	0.0525	−0.0262	0.0316

设 $\beta_j = A_{1j}F_1 + A_{2j}F_2 + A_{3j}F_3 + A_{4j}F_4$ ，A_{ij} 为第 i 个主因子对第 j 个评价指标的权系数，取绝对值计算，则权重公式为 $\omega_j = \beta_j \Big/ \sum_{j=1}^{n} \beta_j$ ，结果如表 4-30 所示。

表 4-30　海洋防灾减灾预警指标体系权重

评价目标	控制层	变量(指标)层	权系数	因子分析法权重
海洋防灾减灾预警指数	致灾因子危险性	风暴潮灾害指数	0.0754	0.0529
		海浪灾害指数	0.0736	0.0516
		赤潮灾害指数	0.0740	0.0519
	承灾体暴露性	总人口	0.0484	0.0340
		人口密度	0.0788	0.0553
		地区生产总值	0.0493	0.0346
		渔业总产值	0.0520	0.0365
		码头岸线长度	0.0466	0.0327
		沿海渔港	0.0795	0.0557
		排水管道长度	0.0503	0.0353
	承灾体脆弱性	城镇居民人口比例	0.0477	0.0334
		农林牧渔业人口	0.0526	0.0369
		沿海港口货物吞吐量	0.0533	0.0373
		海水产品产量	0.0673	0.0472
		海水已养殖面积	0.0517	0.0362
		港口码头泊位数	0.0701	0.0492
	防灾减灾能力	人均生产总值	0.0493	0.0346
		人均公园绿地面积	0.0560	0.0392
		人均拥有道路面积	0.0753	0.0528
		海洋自然保护区面积	0.0638	0.0447
		医院、卫生院床位数	0.0481	0.0337
		测站数量	0.0622	0.0437
		工业废水排放达标量	0.0480	0.0336
		渔民人均纯收入	0.0528	0.0371

(三)海洋防灾减灾警度等级划分

依据海洋防灾减灾预警评估模型,可以将海洋预警分为 4 个等级。颜色等级表示法是当下运用较为广泛的方法,即对海洋防灾减灾预警程度进行等级划分后对各个级别用不同颜色表示。例如红色表示有较大风险,黄色表示有风险,绿色表示基本安全,蓝色表示安全(见表 4-31)。

表 4-31　海洋灾害风险等级划分

分类等级	预警指数范围	预警程度	颜色
1 级警度	(0.75,1]	有较大风险	红色
2 级警度	(0.5,0.75]	有风险	黄色
3 级警度	(0.25,0.5]	基本安全	绿色
4 级警度	(0,0.25]	安全	蓝色

(四)模型构建

$$MDWI = (H^{WH})(E^{WE})(V^{WV})(1-R)^{WH} \tag{4-33}$$

$$H = W_{H1}ZX_{H1} + W_{H2}ZX_{H2} + \cdots + W_{Hn}ZX_{Hn} \tag{4-34}$$

$$E = W_{E1}ZX_{E1} + W_{E2}ZX_{E2} + \cdots + W_{En}ZX_{En} \tag{4-35}$$

$$V = W_{V1}ZX_{V1} + W_{V2}ZX_{V2} + \cdots + W_{Vn}ZX_{Vn} \tag{4-36}$$

$$R = W_{R1}ZX_{R1} + W_{R2}ZX_{R2} + \cdots + W_{Rn}ZX_{Rn} \tag{4-37}$$

其中,$MDWI$ 为海洋防灾减灾预警指数,表示海洋防灾减灾的预警程度。$MDWI$ 的值越大,表示风险越大。ZX_i 表示标准化后的指标值,W_i 表示对应指标值的权重。H 表示危险性,E 表示暴露性,V 表示脆弱性,R 表示防灾减灾能力,W_H、W_E、W_V、W_R 则分别表示其对应的权重。

(五)预警指数计算及分析

1. 数据来源

本节所用数据主要来源于 2007—2017 年《浙江统计年鉴》、2011—2017 年《浙江省海洋灾害公报》,利用前文介绍的方法对缺失值进行填补,并根据公式得到浙江省海洋防灾减灾预警指标体系中的各指标值。

2. 海洋灾害单因子描述性统计分析

依照上述评价方法对数据进行处理,求出 2011—2017 年浙江省海洋灾害单因子评价指数，并对各单因子在时间上的变化趋势进行分析。

根据表4-32和图4-14可知，2011—2017年风暴潮灾害指数整体波动幅度不是很大，2013年和2015年的风暴潮灾害指数为7年内最高，分别为0.2292和0.2287，其他年份均低于0.1。而2015年，受“灿鸿”“苏迪罗”和“杜鹃”等台风风暴影响，全省直接经济损失较重。

表4-32　2011—2017年风暴潮灾害指数

年份	风暴潮灾害指数	发生事故后造成的损失(C)	暴露在危险环境中的频繁程度(E)	事故发生可能性大小(L)
2011	0.0509	1.5492	3	0.0110
2012	0.0936	3.7947	3	0.0082
2013	0.2292	3.0984	3	0.0247
2014	0.0035	0.6325	1	0.0055
2015	0.2287	2.5298	3	0.0301
2016	0.0035	0.6325	1	0.0055
2017	0.0156	0.6325	3	0.0082

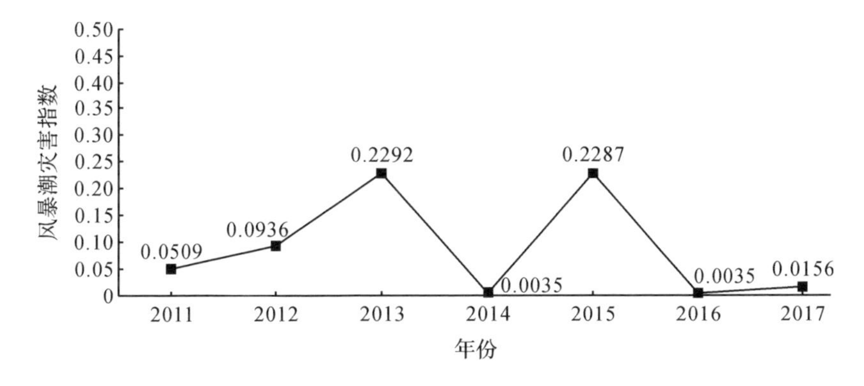

图4-14　2011—2017年风暴潮灾害指数

根据表4-33和图4-15可知，海浪灾害指数在2011—2017年的波动幅度较大。2012—2013年海浪灾害指数由0.0740大幅上升至1.2786，主要受“潭美”和“菲特”2次达到红色警戒级别的台风风暴灾害影响，全省灾害性海浪天数达近几年之最(66天)。2014年和2015年海浪灾害指数又大幅度下降，之后又略微上升。

表 4-33　2011—2017 年海浪灾害指数

年份	海浪灾害指数	发生事故后造成的损失(C)	暴露在危险环境中的频繁程度(E)	事件发生可能性大小(L)
2011	0.4474	1.6330	5	0.0548
2012	0.0740	0.6928	3	0.0356
2013	1.2786	1.4142	5	0.1808
2014	0.8225	1.1547	5	0.1425
2015	0.0470	0.8165	3	0.0192
2016	0.0805	1.6330	3	0.0164
2017	0.2926	0.5774	5	0.1014

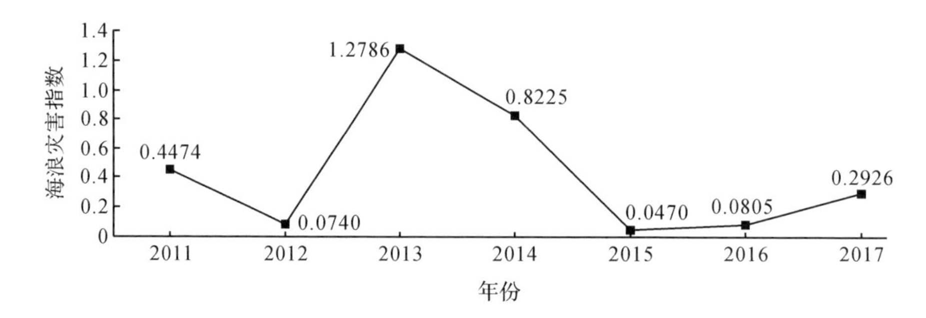

图 4-15　2011—2017 年海浪灾害指数

表 4-34 为 2011—2017 年赤潮灾害指数和各分项指标的得分值，图 4-16 为 2011—2017 年赤潮灾害指数的趋势变化图。由图表可知，2011—2015 年赤潮灾害指数介于 0.1400 和 0.2800 之间，波动较为平稳，2015 年之后呈上升趋势，且上升幅度较大。

表 4-34　2011—2017 年赤潮灾害指数

年份	赤潮灾害指数	发生事故后造成的损失(C)	暴露在危险环境中的频繁程度(E)	事件发生可能性大小(L)
2011	0.2740	1.0000	5	0.0548
2012	0.1976	1.4142	3	0.0466
2013	0.1479	1.0000	3	0.0493
2014	0.2562	1.7321	3	0.0493
2015	0.1409	1.2247	3	0.0384

续　表

年份	赤潮灾害指数	发生事故后造成的损失(*C*)	暴露在危险环境中的频繁程度(*E*)	事件发生可能性大小(*L*)
2016	0.5848	1.5811	5	0.0740
2017	0.7148	1.5811	5	0.0904

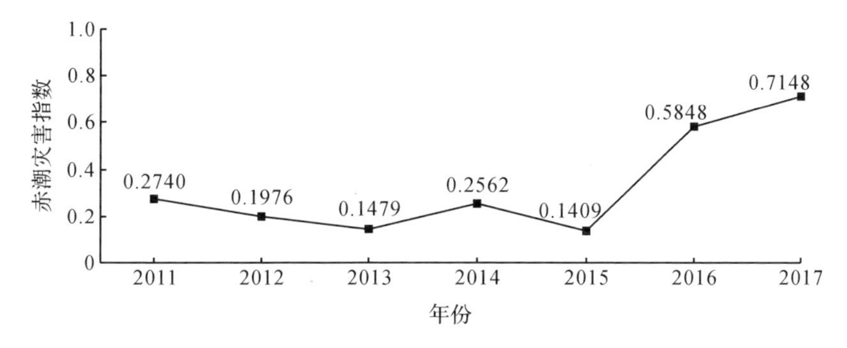

图 4-16　2011—2017 年赤潮灾害指数

3. 海洋防灾减灾预警分析

根据表 4-35 和图 4-17，2011—2017 年海洋防灾减灾预警指数及其 4 个分项指数变化幅度均较大。其中，致灾因子危险性指数在 2011—2017 年间波动幅度由大变小，2013 年危险性指数是这几年中最高的，为 0.6723，其他年份的危险性指数均在 0.17—0.42 之间上下波动；承灾体暴露性和脆弱性指数变动趋势相似，均在 2011—2013 年缓慢上升，而在 2014—2017 年呈下降趋势；防灾减灾能力指数在 2011—2017 年间呈现明显上升趋势，说明浙江省海洋经济的防灾减灾能力在逐年增长；海洋防灾减灾预警指数与承灾体暴露性指数和承灾体脆弱性指数的变化幅度和趋势大致相同，整体上呈现下降趋势。

表 4-35　2011—2017 年海洋防灾减灾预警指数及其分项指数

年份	致灾因子危险性指数	承灾体暴露性指数	承灾体脆弱性指数	防灾减灾能力指数	海洋防灾减灾预警指数
2011	0.2554	0.5184	0.6926	0.0654	0.6006
2012	0.1749	0.5842	0.7207	0.2347	0.5547
2013	0.6723	0.6891	0.7209	0.3901	0.6674

续 表

年份	致灾因子危险性指数	承灾体暴露性指数	承灾体脆弱性指数	防灾减灾能力指数	海洋防灾减灾预警指数
2014	0.2746	0.4906	0.5563	0.6755	0.4047
2015	0.3373	0.2845	0.4924	0.7509	0.3195
2016	0.2656	0.3053	0.4678	0.7898	0.2938
2017	0.4158	0.3518	0.2370	0.8347	0.2580

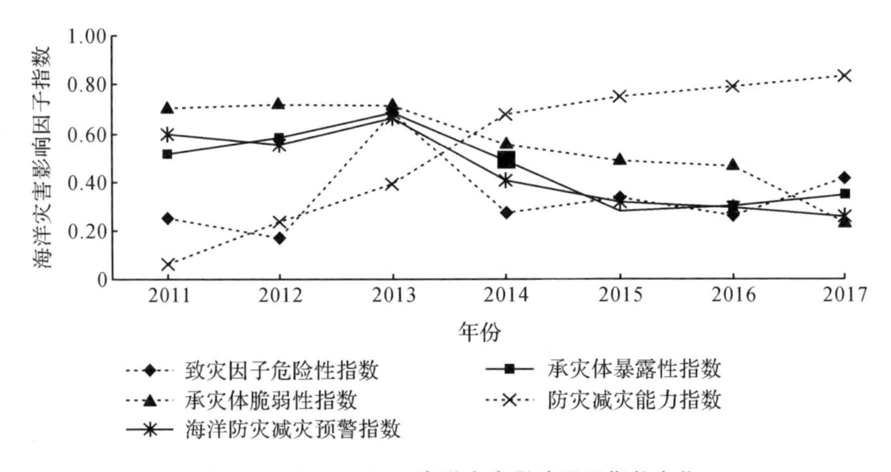

图 4-17　2011—2017 海洋灾害影响因子指数变化

将表 4-35 按照表 4-31 的颜色等级表示法进行转化，将转化结果整理成表 4-36。从单项因子来看，由于防灾减灾能力为逆向指标，当防灾减灾能力指数越大时，海洋经济预警的风险程度就越低。于是，由表 4-36 可见，2011—2017 年浙江省防灾减灾能力的预警等级逐年增大，这正反映了海洋经济预警能力的逐年提升；承灾体脆弱性和暴露性指数的预警等级颜色均随时间变化由黄色变为绿色，说明承灾体暴露性和脆弱性均有所下降；致灾因子危险性指数的预警等级在 2013 年为黄色，这与 2013 年海洋灾害多发直接相关，而其余年份均处于基本安全或安全的等级。

从总指数来看，2011—2013 年海洋防灾减灾预警指数显示黄色，表示处于较为危险等级，而 2014—2017 年显示为绿色，表示海洋防灾减灾处于基本安全等级，这与 4 个单项因子的等级变化较为对应。其中，承灾体暴露性、承灾体脆弱性指数的等级变化与海洋防灾减灾预警指数等级变化最为接近，也由此说明此 2 项因子更能反映海洋防灾减灾预警等级的情况。

表 4-36　2011—2017 年海洋防灾减灾预警等级划分表

年份	致灾因子危险性指数	承灾体暴露性指数	承灾体脆弱性指数	防灾减灾能力指数	海洋防灾减灾预警指数
2011	○	○	○	●	○
2012	●	○	○	●	○
2013	○	○	○	○	○
2014	○	○	○	○	○
2015	○	○	○	●	○
2016	○	○	○	●	○
2017	○	○	○	●	○

二、海洋防灾减灾能力指数预测分析

(一)数据来源

本小节所用数据主要来自 2007—2017 年《浙江统计年鉴》、2011—2017 年《浙江省海洋灾害公报》等,利用线性插值法对缺失数据进行填补,依据前述有关公式计算得到浙江省海洋灾害指标体系中的各指标值,并采用 GM(1,1)系统模型对海洋防灾减灾能力指数进行预测。

(二)权重确定

针对防灾减灾能力预警指数的预测分析,在权重设定上,本节选用因子分析法。主要是通过主成分提取公因子,在对指标进行因子分析的基础上求得各指标的权重(见表 4-37、表 4-38)。

表 4-37　因子分析的贡献率及累积贡献率大于 85%的主要因子

主因子	特征值	方差贡献率/%	累积方差贡献率/%
F_1	6.8558	85.6975	85.6975

表 4-38　主要因子的权系数

主因子	β_{i1}	β_{i2}	β_{i3}	β_{i4}	β_{i5}	β_{i6}	β_{i7}	β_{i8}
F_1	0.1447	0.1412	0.1242	−0.1264	0.1406	0.1100	0.1451	0.1436

设 $\beta_j = A_{1j}F_1$ ，A_{1j} 为第一个主因子对第 j 个评价指标的权系数，取绝对值计算，则权重公式为：

$$\omega_i = \beta_j \Big/ \sum_{j=1}^{n} \beta_j \tag{4-38}$$

由于数据的可得性受限，主要选取 2007—2017 年的指标值进行分析。根据公式(4-38)，可以计算得到防灾减灾能力的各分项指标权重，权重结果如表 4-39 所示。

表 4-39　2007—2017 年防灾减灾能力指标体系权重

防灾减灾能力指标	权系数	权重
人均生产总值 F401	0.1240	0.1345
人均公园绿地面积 F402	0.1210	0.1312
人均拥有道路面积 F403	0.1064	0.1154
海洋自然保护区面积 F404	0.1083	0.1175
医院、卫生院床位数 F405	0.1205	0.1307
测站数量 F406	0.0943	0.1023
工业废水排放达标量 F407	0.1244	0.1349
渔民人均纯收入 F408	0.1231	0.1335

(三)防灾减灾能力指数分析

利用因子分析得到的权重合成 2007—2017 年防灾减灾能力指数，并绘制时序图 4-18。据图可知，2007—2017 年浙江省防灾减灾能力整体呈现上升趋势，这主要得益于政府制定的法律法规和战略规划及相应政策的实施。同时，建立气象卫星、天气雷达、地面自动气象观测站等，全方位监测天气变化，这也提升了海洋灾害应急防范能力。此外，政府加大防灾减灾宣传力度，成立防灾减灾中心，不断完善全省海洋灾害应急管理体系，也使得海洋综合防灾减灾能力日益提高。

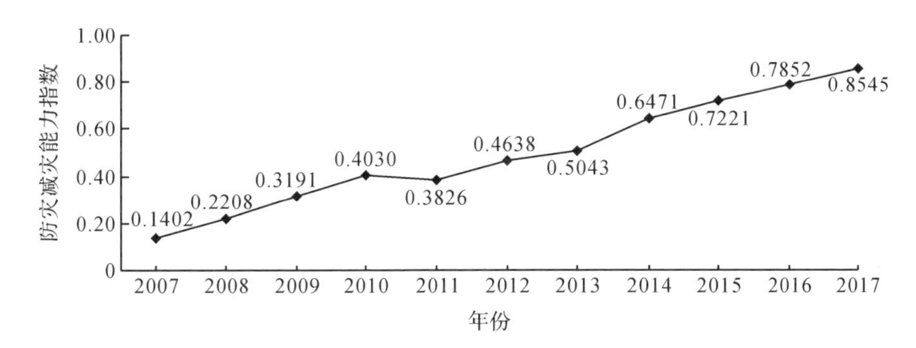

图 4-18　2007—2017 年防灾减灾能力指数

(四)基于 GM(1,1)系统模型的防灾减灾能力指数预测

社会经济具有很明显的层次复杂性,这种复杂性体现在随机的动态变化形成的模糊结构关系上,系统的状态、边界关系等均难以进行非常清楚的描述,属于灰色系统。而灰色系统建立模型时可以利用不精确的原始数据,以弥补无法确切反映动态系统的数据稀少的缺点。在环境的影响下,原始数据的序列排布变得离乱不确定,是一种灰色数列,而对灰色数列建立的微分方程模型即称为灰色模型,简称 GM 模型。

GM(1,1)是一个一阶单变量的灰色模型。设时间序列 $X^{(0)}$ 有 n 个观察值,$X^{(0)}=\{X^{(0)}(1),X^{(0)}(2),\cdots,X^{(0)}(n)\}$,通过某种要求对数据进行处理生成新的序列 $X^{(1)}=\{X^{(1)}(1),X^{(1)}(2),\cdots,X^{(1)}(n)\}$,则 GM(1,1)模型的一阶微分方程为:

$$\frac{\mathrm{d}x}{\mathrm{d}t}+ax=\mu \tag{4-39}$$

常用的灰色系统数据生成方式有累加生成、累减生成、均值生成、级比生成等。本小节采用累加生成法对浙江省防灾减灾能力指数数据进行处理,并构建 GM(1,1)模型对防灾减灾能力进行预测。

首先,将原始数列构造为:

$$x^{(0)}(k)=(0.1402,0.2208,0.3191,0.4030,0.3826,0.4638,0.5043,0.6471,0.7221,0.7852,0.8545)$$

其次,构造累加生产序列为:

$$x^{(1)}(k)=(0.1402,0.3610,0.5399,0.7221,0.7856,0.8464,0.9682,1.1514,1.3692,1.5073,1.6397)$$

最后,利用 R 软件对海洋防灾减灾指数进行预测,得到 GM(1,1)的模型：

$$x(t+1)=0.2264e^{0.9888t}-0.0862 \tag{4-40}$$

根据上述GM(1,1)模型公式可以求得2007—2017年的预测值，并对2018年和2019年的防灾减灾能力进行预测，计算灰色绝对关联度。

由表4-40可以看出，2008年浙江省防灾减灾能力指数的预测误差为10年内最大(20.3176%)。分析原因，2008年是事故多发的一年，全省海域共发生29次赤潮，其中有4次为有害赤潮；全省沿海发生了2次严重的风暴潮，造成8人死亡；8号台风"凤凰"和15号台风"蔷薇"给浙江省造成了严重的直接经济损失。另外，其余年份的预测误差均在10%以内，且绝对关联度为0.9989，当分辨率取$\rho=0.5$时，关联度大于0.6即通过检验。经计算，平均误差为5.6293%，最大年度误差为0.0563(绝对值)，说明预测模型有较好的预测精度。2018年和2019年浙江省海洋防灾减灾能力的预测值分别为1.0177和1.1590。

表4-40　2007—2019年防灾减灾能力预测值

年份	观察值	预测值	残差	相对误差/%
2007	0.1402	0.1402	0.0000	0.0000
2008	0.2208	0.2771	0.0563	20.3176
2009	0.3191	0.3156	−0.0035	−1.1090
2010	0.4030	0.3595	−0.0435	−12.1001
2011	0.3826	0.4094	0.0268	6.5462
2012	0.4638	0.4663	0.0025	0.5361
2013	0.5043	0.5311	0.0268	5.0461
2014	0.6471	0.6048	−0.0423	−6.9940
2015	0.7221	0.6889	−0.0332	−4.8193
2016	0.7852	0.7845	−0.0007	−0.0892
2017	0.8545	0.8935	0.0390	4.3649
2018		1.0177		
2019		1.1590		

第五节　浙江省海岛区域海洋经济监测预警分析

浙江省海洋经济一直呈现出快速、稳定的发展态势，已经成为促进浙江国民经济发展的又一强大推动力，凭借丰富的自然资源和地理优势，海洋经济更是成为海岛县及开发区的重要经济支柱。但是，伴随着快速发展趋势，海岛县(市、区)的海洋经济发展仍然存在一些不协调因素。

浙江各海岛县(市、区)虽然都拥有丰富的海洋资源，但是有些地区仍然持有传统海洋经济发展的思想，传统产业改造升级不足，造成海洋资源开发过度、开发效率低、海洋环境污染严重等问题。浙江省海洋经济发展示范区建设以及海洋强省战略目标的推行，对浙江省海洋经济发展提出了更高的要求，浙江省各海岛县(市、区)作为海洋经济发展的重点区域，应该积极响应，发挥示范带头作用。因此，衡量各海岛县(市、区)的海洋经济发展情况，认识海洋经济的运行与生态环境状况之间的关系具有重要意义。

本节首先分析各个海岛县(市、区)海洋经济发展与海洋生态环境之间的耦合协调度，判断 2 个系统之间的相互影响关系，为海洋经济与环境协调、海洋经济可持续发展提供建议；其次，对海洋经济监测预警进行实证研究，将海洋经济总量、海洋经济结构、海洋经济可持续发展等方面纳入指标体系，综合分析各个海岛县(市、区)海洋经济发展的总体情况。

一、浙江省海岛县(市、区)发展现状

(一)海岛经济发展情况

从图 4-19 中可以看出，浙江省 6 个海岛县(市、区)的生产总值逐年递增。从总的产业结构来看，浙江省 6 个海岛县(市、区)在 2013—2014 年仍处于“二三一”的发展模式，至 2015 年演变成为“三二一”的发展模式，且第三产业占比逐年增大，产业结构持续优化。

从零售总额来看，浙江省 6 个海岛县(市、区)的零售总额逐年增加，且保持着较稳定的增长速度。然而，6 个海岛县(市、区)的工业生产总值在 2013—2016 年逐年增加，却在 2017 年出现明显下滑(见图 4-20)，其原因在于定海区、普陀区和岱山县工业生产总值大幅度下降。其中，定海区工业生

产总值下降 23.77%，普陀区下降 26%，岱山县下降 48%，下降幅度最为严重。

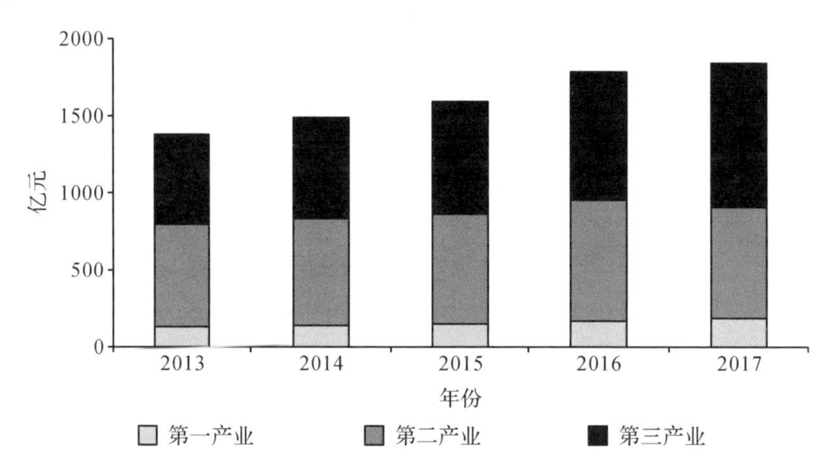

图 4-19 浙江省 6 个海岛县(市、区)2013—2017 年生产总值以及各产业比例变化情况

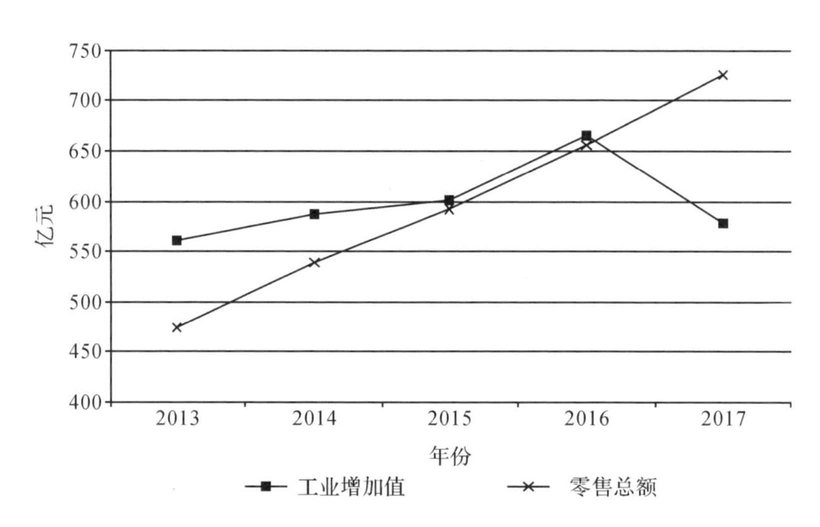

图 4-20 浙江省 6 个海岛县(市、区)2013—2017 年总的工业增加值和零售总额变化情况

(二)海洋渔业发展情况

渔业是海岛县(市、区)的传统优势产业和支撑产业，对海岛县(市、区)的海洋经济和社会发展具有重要意义。从渔业生产总值看，6 个海岛县(市、区)的渔业生产总值呈逐年增长趋势，且渔业生产总值在生产总值中所占的比重同样呈上升趋势。从水产品产量来看，浙江省 6 个海岛县(市、区)总的水产品产量在2013—2016年呈增加趋势，但是在2017年有明显减少，其原因在于定海区、普陀区和玉环市的水产品产量都有不同程度的减少。其中，普陀区减少最为明显，相较于2016年减少了18.6%。从海水养殖面积来看，2013—2016年6个海岛县(市、区)的海水养殖面积总体保持稳定，但2017年出现大幅减少，这主要是由定海区、普陀区和玉环市的海水养殖面积大幅减少引起的。

从海水养殖产量来看，尽管海水养殖面积在2017年大幅减少，但是海水养殖的总产量却大幅增加。主要是因为岱山县的海水养殖产量翻倍增长，增长量远超过了定海区、普陀区和玉环市的减少总量，从而带动6个海岛县(市、区)海水养殖总产量的增加。

最后，从机动渔船数量来看，6个海岛县(市、区)机动渔船总量在2013—2017年内整体呈逐年递减趋势，这与国家渔船数量发展趋势相吻合。受海洋环境、渔业资源等因素的影响，我国的海洋经济发展逐渐转型升级，要求控制渔船数量，发展远洋渔船，因此机动渔船数量的减少符合国家和地方对海洋经济的发展要求(见图4-21)。

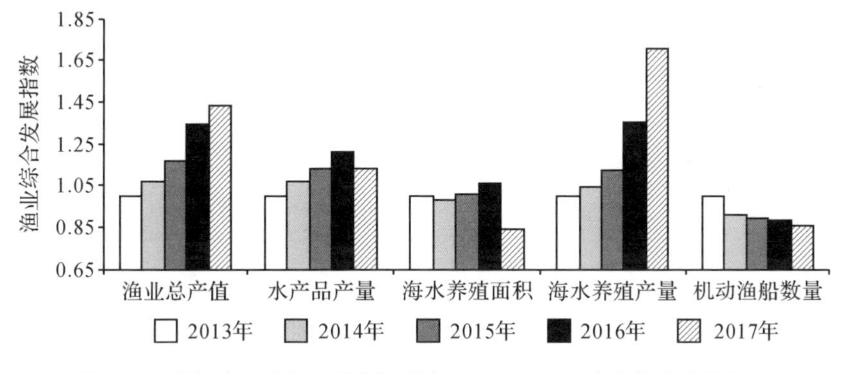

图4-21　浙江省6个海岛县(市、区)2013—2017年渔业综合发展情况

(三)海岛资源利用及生态环境情况

海岛拥有丰富的自然资源，但是其生态系统较为脆弱，合理地开发海岛自然资源、管理好生态环境是海洋经济可持续发展的关键因素。

表4-41汇总了6个海岛县(市、区)2013—2017年资源利用的情况。从表4-41中可以看出，浙江省6个海岛县(市、区)总的土地面积逐年增加，亿元综合能源消费量和亿元用电量则在2013—2016年整体呈减少趋势，在2017年出现上浮波动。综合能源和电能是社会经济发展所必需的，提高能

源利用效率，减少亿元综合能源消费量和亿元用电量是海岛经济发展的目标，也是可持续发展的要求。

表 4-41 浙江省 6 个海岛县(市、区)2013—2017 年资源利用情况

年份	土地面积/平方千米	亿元综合能源消费量/万吨	亿元用电量/万千瓦时
2013	1932.70	0.225173	589.6690
2014	1935.95	0.192866	579.2699
2015	2005.00	0.195486	534.3546
2016	2064.00	0.176895	517.3308
2017	2068.00	0.181451	548.9092

结合表 4-42 和图 4-22 可知，2013—2017 年间，各海岛县(市、区)空气质量优良率均在 90%以上。其中，洞头区和玉环市空气质量一直位于 6 个海岛县(市、区)前列，洞头区 2013—2017 年空气环境质量优良率平均值达到了 95.88%，玉环市也达到了 95.12%，远远高于浙江省设区城市和县级城市的平均值。其他海岛县(市、区)的空气环境质量优良率虽然不及洞头区和玉环市，但在多数年份都高于浙江省县级城市的平均值，且远远高于浙江省设区城市的平均值，由此说明，浙江各海岛县(市、区)的空气质量处于浙江前列。

表 4-42 浙江省 6 个海岛县(市、区)2013—2017 年环境质量优良率及环境噪声

地区	年份	空气环境质量优良率	环境噪声/分贝	地区	年份	空气环境质量优良率	环境噪声/分贝
定海区	2013	0.901	50.9	嵊泗县	2013	0.952	53.1
	2014	0.94	51.2		2014	0.949	54.3
	2015	0.908	49.5		2015	0.917	54.0
	2016	0.942	49.9		2016	0.93	52.0
	2017	0.901	49.1		2017	0.933	52.9

续　表

地区	年份	空气环境质量优良率	环境噪声/分贝	地区	年份	空气环境质量优良率	环境噪声/分贝
普陀区	2013	0.966	52.3	玉环市	2013	0.952	53.0
	2014	0.927	51.6		2014	0.926	54.9
	2015	0.903	53.2		2015	0.944	53.7
	2016	0.927	50.9		2016	0.95	54.9
	2017	0.9325	50.9		2017	0.984	54.1
岱山县	2013	0.97	51.5	洞头区	2013	0.94	51.7
	2014	0.95	51.2		2014	0.944	53.0
	2015	0.9	52.5		2015	0.957	52.3
	2016	0.947	52.8		2016	0.989	53.6
	2017	0.968	53.8		2017	0.964	52.8
浙江省设区城市	2013	0.684	55.7	浙江省县级城市	2013	0.91	
	2014	0.755	55.6		2014	0.811	
	2015	0.782	55.1		2015	0.85	
	2016	0.831	55.1		2016	0.884	
	2017	0.827	55.2		2017	0.90	

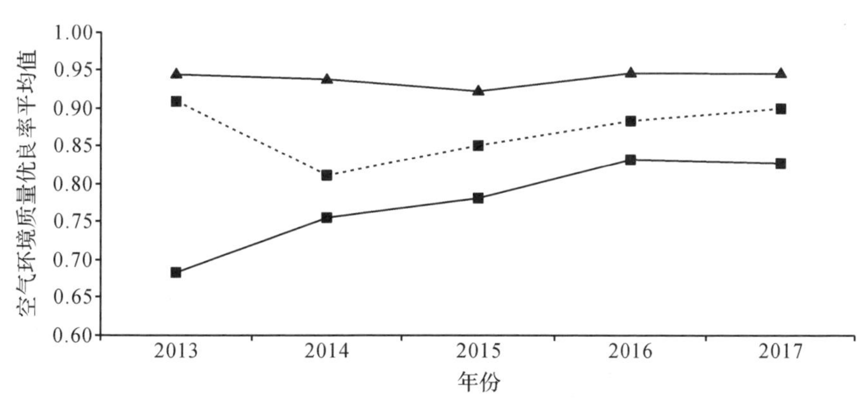

图 4-22　浙江省海岛县(市、区)、设区城市以及县级城市 2013—2017 年空气环境质量优良率平均值

图 4-23 为浙江省各海岛县(市、区)城市环境噪声变化时序图。结合表 4-42 可知,6 个海岛县(市、区)的环境噪声均低于浙江省设区城市的环境噪声,说明其整体环境在噪声方面相对较好。特别是定海区,环境噪声平均值仅有 50.12 分贝,其次是普陀区,2013—2017 年环境噪声平均值为 51.78 分贝,都远远低于全省设区城市平均值。尽管如此,环境噪声平均值最高的玉环市,以及环境噪声一直处于上升状态的岱山县仍然值得关注和警惕。

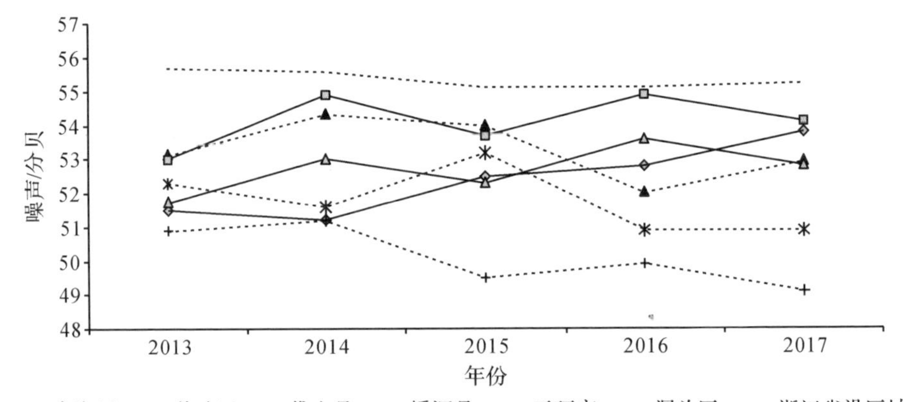

图 4-23　浙江省各海岛县(市、区)2013—2017 年环境噪声变化情况

综上所述,从海岛县(市、区)空气环境质量优良率和环境噪声来看,浙江省各海岛县(市、区)的空气质量水平一直保持在全省前列,但是各海岛县(市、区)的空气环境质量优良率一直处于波动状态,而且在环境噪声方面,岱山县的环境噪声一直处于上升趋势,这依然需要引起警惕。鉴于海岛县(市、区)的海洋生态系统较为脆弱,相关部门应该重视这些变化,努力保持海岛空气质量和环境噪声处于优良状态。

二、浙江省海岛及开发区海洋经济发展与海洋生态环境耦合协调度研究

海岛及开发区海洋经济的运行与海洋生态环境的状况有可能相互制约,也可能相互促进。一方面,海洋经济的发展势必会破坏海洋生态环境,而受资源稀缺性的影响,海洋生态环境也必然对海洋经济发展产生约束;另一方面,为达到同步良性发展目的,在经济发展的同时需要保护好环境,而良好的环境又能促进海岛地区经济的发展。因此,这两者既对立又统一。

从三次产业角度进一步分析,海岛县(市、区)的第一产业以海洋渔业以及海水养殖业为主,良好的海洋生态环境是海岛县(市、区)第一产业发展的

物质载体和必要条件，而在海洋渔业的快速发展过程中，对鱼类的捕捞程度又会影响整个海洋生态系统，如果只追求经济的快速发展而不重视海洋环境的保护，会导致生态系统失衡，海洋生物多样性下降，海洋生态环境恶化。滨海旅游业是影响海岛县(市、区)第三产业发展的重要因素，且与海洋生态环境也相互影响。滨海旅游业的加速发展会导致海洋生态环境恶化，反过来影响第三产业的发展。

因此，探讨海岛及开发区经济发展与海洋生态环境之间的关系对海洋经济可持续发展具有重要意义。本节通过耦合度来反映海岛县(市、区)海洋经济和海洋生态环境之间相互影响的重要程度，对于判别其系统之间耦合作用的强度具有重要意义。

(一)研究方法

计算耦合度和耦合协调度的基础是海岛及开发区生态环境系统以及海洋经济系统的综合评价指数，定义如下：

$$u_i = \sum_{j=1}^{m} \lambda_{ij} u_{ij} \tag{4-41}$$

其中，$u_i(i=1,2)$ 表示经济系统和生态环境系统各年份的综合指数值，λ_{ij} 为各指标的权重，且有 $\sum_{j=1}^{m}\lambda_{ij}=1$ 。$u_{ij}(i=1,2;j=1,2,\cdots,m)$ 表示对原始数据进行标准化后得到的各个系统内的基础指标值，计算公式如下。

$$u_{ij}=\begin{cases}(X_{ij}-\min X)/(\max X-\min X),X_{ij}\text{ 为正向指标}\\(\max X-X_{ij})/(\max X-\min X),X_{ij}\text{ 为逆向指标}\end{cases} \tag{4-42}$$

耦合度可以体现出要素或系统之间的关联度和依赖性大小，常被用于判断对象之间耦合作用的强度，具体计算公式为：

$$C=\left[\frac{X_1\times X_2}{\left(\frac{X_1+X_2}{2}\right)^2}\right]^{1/2} \tag{4-43}$$

其中，C 为海岛及开发区海洋经济和生态环境之间的耦合度，其值在[0,1]之间。当 C 值趋于 0 时，认为海洋经济与生态环境之间并不协调，两者构成的系统处于耦合失谐状态；当 C 趋于 1 时，则认为海洋经济与生态环境之间相互促进，协调发展，两者构成的系统处于有效的耦合状态。

根据耦合度得分大小可以做以下划分，如表 4-43 所示。

表 4-43 耦合度划分

耦合度(C)	耦合类型	耦合度(C)	耦合类型
0—0.30	低水平耦合阶段	0.51—0.80	磨合阶段
0.31—0.50	拮抗阶段	0.81—1	高水平耦合阶段

耦合度虽然能够有效计算系统之间的耦合强度，但是不能反映系统的整体功效和协同效应，因此引入能够反映系统综合发展水平的耦合协调度指标：

$$\begin{cases} D = \sqrt{C \times T} \\ T = aX_1 + bX_2 \end{cases} \tag{4-44}$$

其中，a、b 为待定系数。本节认为发展经济和保护环境在城市发展进程中具有不相上下的地位，故选择 a、b 的取值均为 0.5。D 为耦合协调度，C 为耦合度，T 为海洋经济和生态环境的综合发展指数，用来衡量海岛海洋经济以及生态环境整体协调效益或者贡献的大小。

根据上述理论及方法，按照耦合协调度的大小对海洋经济和生态环境组成的耦合系统进行划分，如表 4-44 所示。

表 4-44 耦合协调度划分

耦合协调度(D 值)	协调类型	耦合协调度(D 值)	协调类型
0.90—1.00	优质协调	0.40—0.49	濒临失调
0.80—0.89	高级协调	0.30—0.39	轻度失调
0.70—0.79	中级协调	0.20—0.29	中度失调
0.60—0.69	初级协调	0.10—0.19	严重失调
0.50—0.59	勉强协调	0—0.09	极度失调

(二)浙江海岛县(市、区)海洋经济与生态环境协调度分析

考虑各个海岛县(市、区)海洋经济和生态发展的特征，结合海洋经济与生态环境协调发展的内涵，根据历年数据的可获得性，最终选择 GDP、第一产业增加值、第三产业增加值等 8 个指标作为海洋经济子系统的评价指标，选择环境质量优良率，近岸海域一、二类水质占比，万元产值用电量等 7 个指标作为生态环境子系统的评价指标，具体如表 4-45 所示。在此基础上，利用 2013—2017 年浙江省海岛县(市、区)的实际数据，通过主成分分析法求

取各指标的权重,如表4-45第三列所示。

表4-45　浙江省海岛县区海洋经济与生态环境协调度指标体系

系统	评价指标	权重
海洋经济系统	GDP	0.159
	第一产业增加值	0.070
	第三产业增加值	0.154
	工业增加值	0.145
	零售总额	0.161
	沿海港口货物吞吐量	0.092
	科技项目数	0.124
	专利授权	0.095
生态环境系统	环境质量优良率	0.183
	近岸海域一、二类水质占比	0.315
	万元产值用电量	0.113
	综合能源消费量	0.076
	环境噪声	0.140
	万元固体废物产生量	0.070
	万元工业废水产生量	0.103

利用经济系统综合评价指数模型,计算2013—2017年浙江省海岛县(区)经济综合评价指数,并绘制图4-24。由图4-24可知,2013—2017年间,浙江省海岛县(区)之间经济发展程度参差不齐。首先,几个海岛县(区)中定海区的综合评价指数最高,且有逐年升高趋势,2015—2017年的综合评价指数均在0.8以上。定海区的经济发展程度明显超过其他地区,主要得益于其独特的地理优势(位于长江口与杭州湾的交汇处,与上海、南京、杭州、宁波等发达城市相依,又毗邻多个国家级风景名胜区),地区生产总值远远超过其他海岛县(区)。其次,普陀区、岱山县的经济发展处于几个海岛县(区)的中等水平。普陀区拥有普陀山、桃花岛等多个景点,这使得普陀山第三产业快速发展,而岱山县近几年工业的快速发展助力其经济稳定增长。最后,嵊泗县和洞头区的经济发展相对不发达。

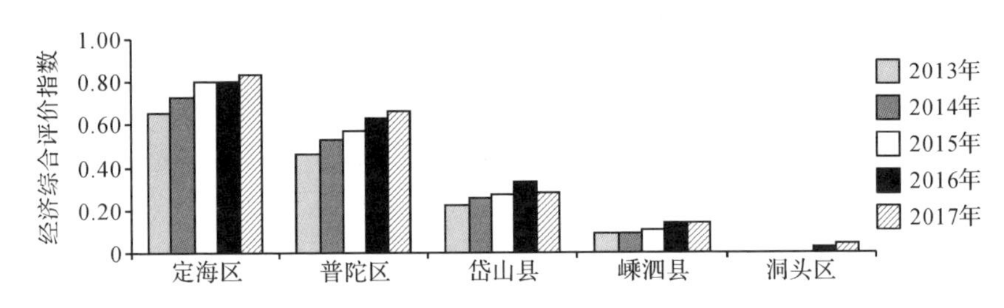

图 4-24　浙江省海岛及开发区 2013—2017 年经济综合评价指数

利用生态环境系统综合发展模型，计算 2013—2017 年浙江省海岛县(区)的生态环境综合评价指数，如图 4-25 所示。由图 4-25 可知，2013—2017 年间，普陀区、嵊泗县、岱山县的平均得分普遍较高，主要是由于这些地区的能源利用效率较高，环境质量以及近岸海域优质率较高；而定海区在环境综合评价方面得分较低，说明虽然定海区的经济发展迅速，但是能源利用效率仍然有待提高。

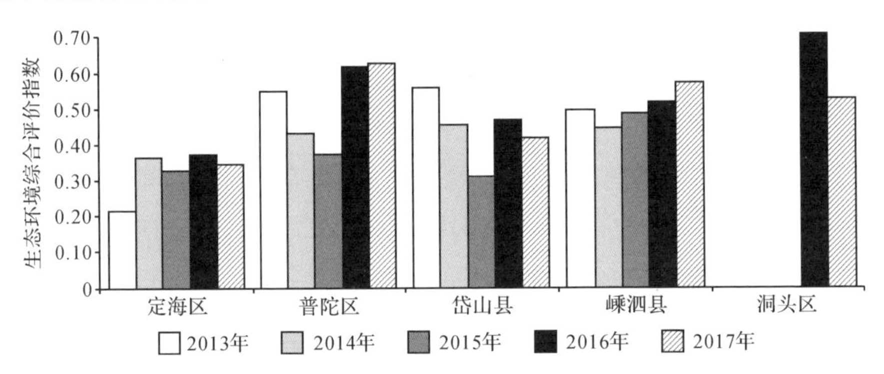

图 4-25　浙江省海岛及开发区 2013—2017 年生态环境综合评价指数

对比经济综合评价指数与生态环境综合评价指数的值，两者差值越大，说明经济和环境协同发展的情况越不理想。由图 4-26 可知，定海区在 2013—2017 年期间前者均大于后者，故定海区属于生态环境滞后型；普陀区在 2013 年生态环境综合评价指数大于经济综合评价指数，在 2014 年以后经济发展加快，逐渐变成生态环境滞后型；岱山县、嵊泗县和洞头区则与定海区相反，即均属于经济滞后型。从图 4-26 中还可以看出，定海区和洞头区分别是生态环境滞后型和经济滞后型的典型代表，定海区海洋经济综合评价指数得分远远超过生态环境综合评价指数得分，而洞头区则相反。

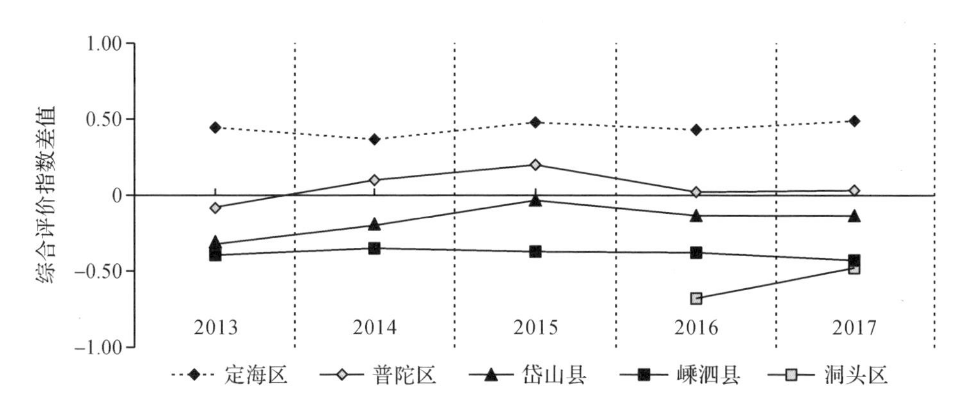

图 4-26　浙江省海岛及开发区 2013—2017 年海洋经济与生态环境综合评价指数比较分析

图 4-27 为浙江省海岛及开发区海洋经济与生态环境耦合协调度变化折线图。据图可知，在 2013—2017 年间，尽管各海岛县（区）的耦合协调度整体逐年向好，但不同海岛县（区）之间的耦合协调度存在明显差异。定海区在 2013 年处于初级协调状态，2014 年以后则一直处于中级协调状态；嵊泗县受经济发展相对落后的影响，在 2013—2015 年之间处于濒临失调状态，2016—2017 年逐渐转向勉强协调状态；普陀区的耦合协调度始终较高，一直在 0.67—0.80 之间波动，于 2017 年达到了高级协调阶段；洞头区的耦合协调度则一直处于轻度失调状态，主要由于洞头区海洋生态环境较好，但是其经济发展与其他海岛县（区）相比较不发达，经济发展综合指数相对于生态环境综合指数明显落后；岱山县经济发展和生态环境之间的耦合协调度一直稳定地处于 0.53—0.62 之间，其中有 4 年处于勉强协调状态。

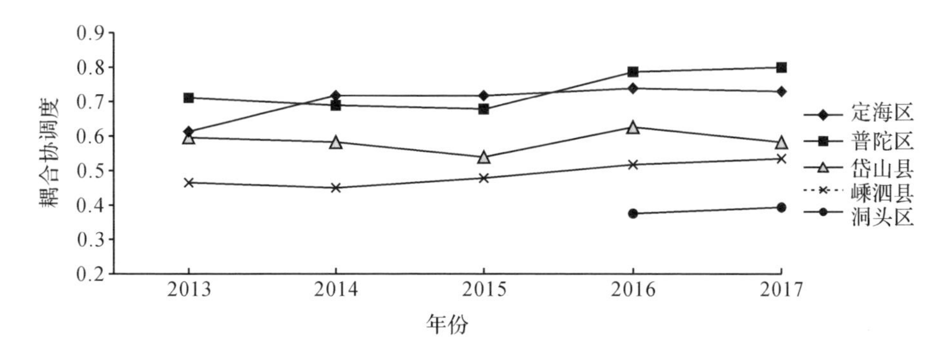

图 4-27　浙江省海岛及开发区 2013—2017 年海洋经济与生态环境耦合协调度变化折线图

三、浙江省海岛及开发区监测预警实证研究

(一)预警指标体系的建立与数据处理

由于海洋相关统计工作仍处于可改进的发展阶段,海洋经济统计数据连续性不强,且获取数据的途径有限。考虑到数据的有效性和可获得性,本节通过查阅各市和县(市、区)的统计年鉴、环境公报、《浙江统计年鉴》及其他相关部门调查报告等,从中选取了2013—2017年的部分数据。遵照指标体系构建的原则,最终选取了14项指标构建浙江海岛县及开发区海洋经济预警指标体系,具体指标如表4-46所示。

表4-46 浙江省海岛及开发区海洋经济预警指标体系

指标属性	指标
反映海洋经济总量	海洋生产总值
	渔业总产值
反映海洋经济结构	海洋第一产业产值
	海洋第二产业产值
	海洋第三产业产值
反映海洋经济效益	人均GDP
反映海洋经济推动力	专利授权数
	总人口
反映海洋资源的可持续性	海水养殖面积
	水资源总量
	综合能源消费量
	环境质量优良率
	环境噪声
	全社会用电量

1. 缺失值处理

由于不同县(市、区)统计信息存在差异,且统计数据连续性不强,造成某些数据存在缺失。针对玉环市环境噪声存在3年的缺失数据,本节则选择以台州市公布的各县(市、区)的平均值代替,针对定海区的空气环境质量

优良率存在2年的缺失数据，本节选择以舟山的平均空气环境质量优良率为参考，并结合定海区其他3年数据的实际情况进行填补。

2. 数据归一化

由于不同指标的数值范围不同，计量单位也存在差异，其差别可能使指标数据不在同一个数量级，使得指标之间的比较缺乏意义，因此需要归一化处理，将指标值规范在[0,1]的范围之内，具体公式为：

$$u_{ij}=\begin{cases}(X_{ij}-\min X)/(\max X-\min X),X_{ij}\ \text{为正向指标}\\(\max X-X_{ij})/(\max X-\min X),X_{ij}\ \text{为逆向指标}\end{cases}\tag{4-38}$$

(二)单个指标预警界限以及预警信号灯界限确定

利用“红灯”“黄灯”“绿灯”“浅蓝灯”和“蓝灯”5种信号灯来表现海洋经济运行情况。当信号灯为“绿灯”时表示海洋经济发展很稳定；信号灯为“黄灯”时，表示经济尚稳定，经济增长稍热；信号灯为“红灯”时则表示经济“过热”；信号灯为“浅蓝灯”时表示海洋经济增长下滑；信号灯为“蓝灯”时表示海洋经济增长率跌入谷底。每一种信号灯给予不同的分数，惯例是“红灯”为5分，“黄灯”为4分，“绿灯”为3分，“浅蓝灯”为2分，“蓝灯”为1分。

单个指标临界点和预警信号灯临界点的确定一般用数理统计法和经验分析法，此处都选择数理统计法确定临界点。利用3σ方法确定预警区间(见表4-47)。

表4-47　预警状态相应区间划分

预警状态	过冷	偏冷	正常	偏热	过热
区间	$(-\infty,\mu-2\sigma]$	$(u-2\sigma,u-\sigma]$	$(u-\sigma,u+\sigma]$	$(u+\sigma,u+2\sigma]$	$(u+2\sigma,+\infty)$

最终得到单个指标的临界值，如表4-48所示。

表4-48　评价指标预警区间划分

指标	过冷	偏冷	正常	偏热	过热
x_1	(−∞,−61.67]	(−61.67,104.13]	(104.13,435.73]	(435.73,601.53]	(601.53,+∞)
x_2	(−∞,−3.61]	(−3.61,10.72]	(10.72,39.38]	(39.38,53.71]	(53.71,+∞)
x_3	(−∞,−58.65]	(−58.65,30.58]	(30.58,209.05]	(209.05,298.28]	(298.28,+∞)
x_4	(−∞,−37.19]	(−37.19,43.94]	(43.94,206.20]	(206.20,287.33]	(287.33,+∞)
x_5	(−∞,−0.65]	(−0.65,12.58]	(12.58,39.05]	(39.05,52.29]	(52.29,+∞)

续　表

指标	过冷	偏冷	正常	偏热	过热
x_6	(−∞,45921.96]	(45921.96,71318.66]	(71318.66,122112.07]	(122112.07,147508.78]	(147508.78,+∞)
x_7	(−∞,−11061.17]	(−11061.17,4895.51]	(4895.51,36808.89]	(36808.89,52765.57]	(52765.57,+∞)
x_8	(−∞,−77.52]	(−77.52,−5.75]	(−5.75,137.78]	(137.78,209.55]	(209.55,+∞)
x_9	(−∞,−112981.51]	(−112981.51,17958.59]	(17958.59,279838.81]	(279838.81,410778.91]	(410778.91,+∞)
x_{10}	(−∞,−14.01]	(−14.01,15.19]	(15.19,73.58]	(73.58,102.78]	(102.78,+∞)
x_{11}	(−∞,−12994.68]	(−12994.68,−4505.14]	(−4505.14,12473.94]	(12473.94,20963.48]	(20963.48,+∞)
x_{12}	(−∞,0.8927]	(0.8927,0.9166]	(0.9166,0.9643]	(0.9643,0.9882]	(0.9882,+∞)
x_{13}	(−∞,49.36]	(49.36,50.87]	(50.87,53.90]	(53.90,55.41]	(55.41,+∞)
x_{14}	(−∞,−818.62]	(−818.62,−88.66]	(−88.66,1371.26]	(1371.26,2101.22]	(2101.22,+∞)

(三)各个指标权重确定

熵可以度量信息中的不确定性,熵越小代表不确定性越小,同时信息量越大;而熵越大代表不确定性越大,同时信息量越小。因此可以计算熵值来判断某个指标的离散化程度,指标越离散,则该指标对综合评价的影响越大。根据熵值法的计算步骤,计算出各个指标的权重(见表 4-49)。

表 4-49　各预警指标权重

指标	权重	指标	权重
GDP/亿元	0.0652	综合能源消费量/(万吨标准煤)	0.0372
第一产业/亿元	0.0534	全社会用电量/(万千瓦时)	0.0234
第二产业/亿元	0.0771	渔业总产值/亿元	0.0755
第三产业/亿元	0.0686	海水养殖面积	0.2326
总人口/万人	0.0632	环境质量优良率	0.0420
人均 GDP	0.0247	环境噪声/分贝	0.0395
水资源总量/万立方米	0.0670	专利授权	0.1306

(四)浙江省海岛及开发区海洋经济扩散指数

在评价指标的数值基础上,以扩散指数的计算方法为指导,对浙江省各海岛及开发区分别计算 2014—2017 年的海洋经济扩散指数(见表 4-50),并将其绘制成时序图(见图 4-28)。

表 4-50　浙江省海岛及开发区海洋经济扩散指数

单位:%

地区	2014	2015	2016	2017
定海区	85.71	71.43	57.14	71.43
普陀区	71.43	64.29	64.29	53.57
岱山县	71.43	57.14	64.29	64.29
嵊泗县	64.29	78.57	78.57	78.57
玉环市	57.14	60.71	85.71	78.57
洞头区	85.71	71.43	82.14	71.43

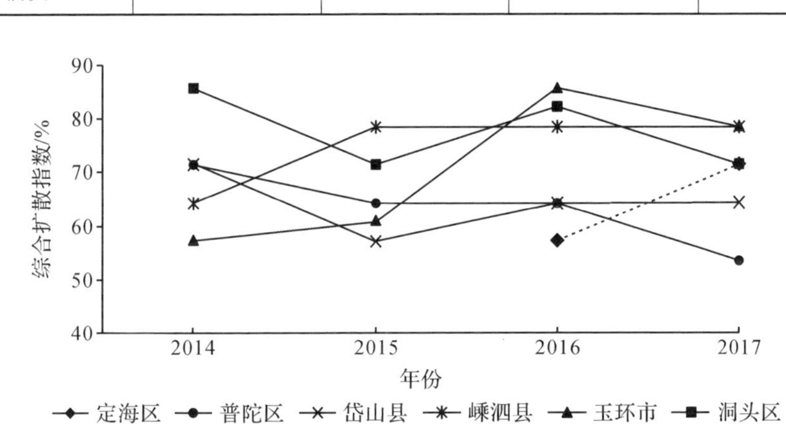

图 4-28　浙江省海岛及开发区海洋经济综合扩散指数变化情况

结合表 4-50 和图 4-28 可知，大多数时期 6 个海岛县(市、区)的扩散指数都在 60%以上，说明在促进因素的持续作用下，海洋经济一直向扩张的方向运动且保持景气状态。2017 年受自然环境的影响，普陀区的渔业发展受困，海水养殖面积、渔业总产值、水资源总量都有所下降，造成普陀区 2017 年扩散指数明显下降，属于偏冷景气阶段；定海区在 2014—2016 年之间扩散指数一直处于下降状态，主要原因同样是海洋环境的影响，尽管定海区的经济指标保持稳定增长，但是在水资源总量、海水养殖面积以及空气环境质量优良率等方面有所下降。

(五)预警信号灯确定

根据浙江省海岛县及开发区海洋经济的各项指标在 2013—2017 年间的情况以及单个指标预警区间划分标准，对各警兆指标的警度大小进行计算,得到的结果如表 4-51 所示。

表 4-51　2013—2017 年各警兆指标警度情况

地区	年份	GDP	第一产业	第二产业	第三产业	总人口	人均GDP	水资源总量	综合能源消费量	全社会用电量	渔业总产值	海水养殖面积	环境质量优良率	环境噪声	专利授权
定海区	2017	4	3	3	5	4	3	4	3	3	3	3	2	1	3
	2016	4	3	4	4	3	3	5	4	3	3	3	3	2	3
	2015	4	3	3	4	3	3	5	3	3	2	3	2	2	5
	2014	3	3	3	4	3	3	3	3	3	2	3	3	3	4
	2013	3	3	3	3	3	3	3	3	3	2	3	2	3	3
普陀区	2017	3	5	3	4	3	3	3	3	3	4	3	3	3	3
	2016	3	4	3	4	3	3	3	4	3	4	3	3	3	3
	2015	3	4	3	3	3	3	3	3	3	4	3	2	3	3
	2014	3	4	3	3	3	3	3	3	3	4	3	3	3	3
	2013	3	3	3	3	3	3	3	3	3	3	3	4	3	3
岱山县	2017	3	4	3	3	3	3	3	3	3	4	3	4	3	3
	2016	3	3	3	3	3	3	3	3	3	4	3	3	3	3
	2015	3	3	3	3	3	3	3	3	3	3	3	2	3	3
	2014	3	3	3	3	3	3	3	3	3	3	3	3	3	3
	2013	3	3	3	3	3	3	3	3	3	3	3	4	3	3
嵊泗县	2017	3	3	2	3	2	4	3	3	3	3	3	3	3	3
	2016	2	3	2	3	2	4	2	3	3	3	3	3	3	3
	2015	2	3	2	3	2	3	2	3	3	3	3	3	4	3
	2014	2	3	2	3	2	3	2	3	3	3	3	3	4	3
	2013	2	3	2	2	2	3	2	3	3	3	3	3	3	3
玉环市	2017	4	3	4	4	4	4	3	4	5	3	3	4	4	5
	2016	4	3	4	3	4	3	3	4	4	3	3	3	4	4
	2015	4	3	4	3	4	3	3	4	4	3	3	3	3	3
	2014	3	3	4	3	4	3	4	4	4	3	3	3	4	4
	2013	3	3	4	3	4	3	3	4	4	3	3	3	3	4

续　表

地区	年份	GDP	第一产业	第二产业	第三产业	总人口	人均GDP	水资源总量	综合能源消费量	全社会用电量	渔业总产值	海水养殖面积	环境质量优良率	环境噪声	专利授权
洞头区	2017	2	2	3	3	3	2	2	3	3	2	3	3	3	3
	2016	2	2	2	2	3	2	2	3	3	2	3	5	3	3
	2015	2	2	2	2	3	2	2	3	3	2	3	3	3	3
	2014	2	2	2	2	3	1	3	3	3	2	3	3	3	3
	2013	2	2	2	2	3	1	2	3	3	2	5	3	3	3

对表4-51进行观察，可以得到浙江省6个海岛及开发区的单个警兆指标在2013—2017年间的大致变动情况。再根据由熵权法计算得到的各指标权重的大小，可以计算得到2013—2017年浙江省海洋经济的综合预警指数，其中，警情的区间分布情况同样根据数理统计中的3σ方法计算得到，各分值所代表的警情情况以及各年份预警信号灯情况如表4-52和表4-53所示。

表4-52　综合预警指数警情灯分布情况

综合预警指数	[0,34.70]	(34.70,38.70]	(38.70,46.70]	(46.70,50.70]	(50.70,+∞)
警情	●	●	●	●	●

表4-53　浙江省海岛及开发区预警信号灯情况

地区	2013	2014	2015	2016	2017
定海区	●	●	●	●	●
普陀区	●	●	●	●	●
岱山县	●	●	●	●	●
嵊泗县	●	●	●	●	●
玉环市	●	●	●	●	●
洞头区	●	●	●	●	●

由表4-52和表4-53可以看出，2013—2017年之间，浙江省6个海岛和开发区海洋经济综合预警指数得分情况比较集中，大多在(38.70,46.70]这一区间，说明浙江省海岛县(市、区)海洋经济的发展情况基本比较稳定。其

中，洞头区海洋经济在2014年、2015年和2017年处于浅蓝灯状态，由此可见，尽管洞头区的海洋环境较有优势，但与其他海岛县（市、区）的经济发展仍存在一定差距；玉环市凭借第二产业的快速发展，带动其经济在6个县（市、区）中保持领先地位，同时在环境保护、空气质量和噪声保护等方面处于前列；其他地区的海洋经济发展同样较为稳定，各项经济指标稳定增长，空气环境质量优良率稳中有升。

第五章　浙江省海洋经济预警的应用拓展研究

第一节　基于产业结构理论的浙江省海洋经济演变分析

一、海洋产业结构研究回顾

海洋经济日益成为沿海国家和沿海地区发展的重要增长点，而海洋产业结构的合理性对海洋经济的发展具有直接的影响。纵观近年来国内外关于海洋经济的研究，其中有关海洋产业结构的研究成果源源不断。

就国外海洋产业的现有文献而言，研究侧重点主要集中于海洋产业的内涵以及划分、海洋产业均衡与产业聚集、海洋产业结构与经济增长的关系、海洋产业对区域经济的贡献评价以及海洋产业国际竞争力评价等方面。国外对海洋产业的研究起源较早。1974 年，美国经济分析局（BEA）就已在相关理论基础上，就海洋产业对国民收入的贡献进行了有关的探究。

国内关于海洋产业结构的研究较国外起步稍晚，研究侧重点主要在以下 3 个方面。

一是海洋产业结构的演变趋势。相关研究主要从国家和地方 2 个层面展开。比如，在国家层面，张静和韩立民等（2006）将海洋产业结构的演化分为传统的海洋产业发展阶段、海洋第三产业与第一产业交替演化阶段和海洋第二产业大发展阶段。而姜旭朝等（2009，2012）从宏观发展视角出发，将中华人民共和国成立以来海洋产业结构的发展在时序上划分为海洋产业恢复发展期、曲折前行期和产业大发展时期。宁凌等(2013)则将定性与定量分析相结合,在对我国2010年海洋统计数据进行研究后发现,沿海各省市之间海洋产业分布不平衡,但有着多元、协调发展的趋势。此外,“三二一”的产业格局虽已经形成,但第二产业和第三产业差距较小,格局不够稳定。在地方层面,国内关于沿海各省海洋三次产业演进的研究也较为丰富。比如,荀露峰和高强(2016)对2001—2013年山东省海洋产业结构演进过程进行研究,发现山东省海洋产业发展正处于“二三一”向“三二一”后期工业化阶段发展的过渡阶段。刘锴和宋婷婷(2017)则运用偏离-份额分析法和灰色关联法对2001—2014年辽宁海洋产业的结构特征进行分析,发现辽宁海洋产业结构具有由“一二三”向“三二一”逐渐演变的特征。

二是海洋的结构效应及影响因素。如,宁凌和李乐(2019)选取了2005—2014年沿海11个省份的数据对我国海洋产业结构升级与就业效应进行实证分析,发现海洋产业结构升级对就业具有正向促进作用;马学广和张翼飞(2017)利用计量面板模型,分阶段、分区域分析了海洋产业结构变动对于经济增长影响的时间演变差异和空间聚类差异;张玫(2013)通过对辽宁省、浙江省和广东省的产业结构进行分析,并从主要海洋资源、海洋科研经费投入、海洋污染及其治理3个方面来探寻海洋产业结构变动的影响因素。

三是海洋产业结构的优化对策。如,黄昶生等(2019)对2010—2015年青岛市海洋产业各部门数据进行定量分析,结合产业敏感度分析,对各海洋产业提出具体优化对策建议;白福臣和贾宝林(2009)深入考察广东海洋产业发展现状以及存在的问题,提出了坚持产业自转型、政府积极推动和政策强效支撑的组合型对策。

在文献研究的基础上,本节将结合实际数据对浙江省2006—2016年海洋产业结构变动情况进行定性与定量结合的综合分析。

二、浙江海洋产业基本演变特征分析

海洋产业结构是体现海洋经济发展的基础,是指构成海洋产业的各个部门之间的相互联系和比例关系,而海洋经济的发展离不开产业结构的不断演进和优化升级。为此,以现有的海洋产业分类为基础,利用“三轴图”法对浙江省以及6个海岛县(市、区)的产业演变特征进行分析,考虑数据的可获得性,在此选取浙江省2006—2016年以及海岛县(市、区)2013—2017年的数据进行分析。

(一)基于“三轴图”法的产业结构特征分析

“三轴图”法即在平面上以某点作为原点，引出3条射线，射线之间相交为120°，分别记为X_1轴、X_2轴和X_3轴，坐标轴单位均为百分比，建立平面仿射坐标系。设第$i(i=1,2,3)$个海洋产业产值占海洋经济生产总值的比重为$(X_i/X_0)\cdot 100$（X_0表示海洋经济生产总值)，则有$X_1+X_2+X_3=100$，并将X_1、X_2和X_3的值标在3个轴上，依次得到A、B和C点，将3点相连即可以得到产业结构三角形，则该三角形的形状能够反映出海洋三次产业分布情况。

如图5-1所示，三角形ABC即为海洋产业结构三角形，在此基础上还可以计算每个三角形的重心，将多年的三角形标注在同一个坐标系中，便可以得到各年份的海洋产业结构三角形，同时，要想得到海洋产业结构重心移动轨迹，可以将每个三角形的重心相连，从而反映海洋产业结构的动态变化。

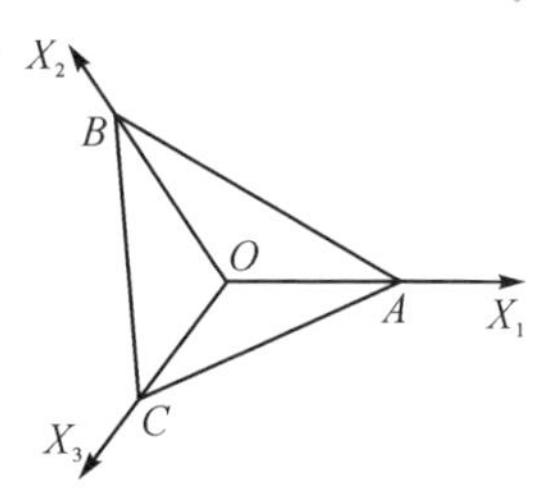

图5-1　平面仿射坐标系

为了便于分析，可以将仿射坐标系中各坐标轴所成角度进行平分，其角平分线和仿射坐标轴将平面分为6个区域，如图5-2所示。

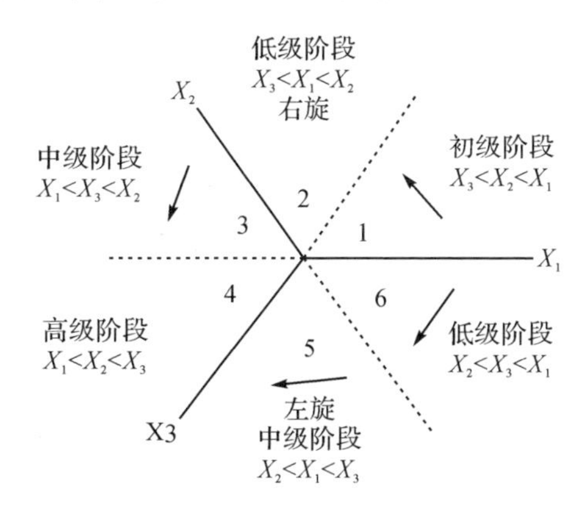

图5-2　产业结构演进方式

从图 5-2 可以看到，当海洋产业结构三角形的重心落在第 1 区域时，海洋第一产业占主导地位，产业结构处于初级阶段；当海洋产业结构三角形的重心落在第 2 区域时，海洋经济发展中第二产业占主导地位，在整体发展中起重要作用，海洋第三产业仍然不如第一产业发展迅速，产业结构处于低级阶段；当海洋产业结构三角形重心在第 6 区域时，海洋经济的发展依然以第一产业为主导，产业结构处于低级阶段；当海洋产业结构三角形重心位于第 3 区域时，海洋经济发展以第二产业为主，产业结构还没有发生质的改变，但同时第三产业发展速度加快，占海洋经济的比重超过第一产业；当产业结构三角形重心位于区域 5 时，第三产业成为主导，第二产业发展滞后，产业结构处于中级阶段；而当产业结构三角形重心位于区域 4 时，劳动力和资本向第二、三产业聚集，且由于海洋交通运输业、滨海旅游业等的迅速发展，第三产业成为海洋经济发展的支柱，产业结构演进到高级阶段。

从图 5-2 可以看到，实现产业结构的高级化有 2 种发展路径：第一种为右旋演进，即从区域 1，经过区域 2、3，最后演变为区域 4。右旋演进模式的特点是其演进过程中将第二产业作为海洋经济的主要支撑率先发展，继而在第二产业的带动下，第一产业和第三产业也实现了快速发展，并且不断优化与升级。第二种为左旋模式，即从区域 1，经过区域 6、5，最后达到区域 4 的产业结构高级阶段。这种演进模式的特点在于其以第三产业带动第一产业和第二产业发展，海洋服务业率先发展，逐步成为海洋经济发展的支柱。在第三产业的带动下，第一和第二产业得到发展，最终达到海洋产业的高级阶段。

（二）浙江省以及 6 个海岛县（市、区）海洋产业基本演变特征

利用“三轴图”法对浙江省 2006—2016 年以及 6 个海岛县（市、区）2013—2017 年的数据进行分析，并将分析结果概括为表 5-1 和表 5-2。

表 5-1　浙江省 2006—2016 年海洋产业结构变动情况

年份	产业结构模式	年份	产业结构模式
2006	三二一	2012	三二一
2007	三二一	2013	三二一
2008	三二一	2014	三二一
2009	三二一	2015	三二一

续　表

年份	产业结构模式	年份	产业结构模式
2010	三二一	2016	三二一
2011	三二一		

从表5-1可以看出，浙江省海洋经济在2006—2016这10年内一直保持着“三二一”的产业结构模式，说明在这10年内浙江省海洋经济一直保持在高级状态。然而对比文献发现，浙江省的海洋产业在2005年仍处于“三一二”的结构模式，2006年才开始进入高级阶段，由此说明浙江省海洋产业高级化的路径为左旋模式。因此，尽管当前浙江省海洋产业处于高级状态，但依然需要继续保持和优化海洋产业结构。

表5-2　浙江省海岛及开发区2013—2017年海洋产业结构变动情况

年份	定海区	普陀区	岱山县	嵊泗县	玉环市	洞头区
2013	三二一	三二一	二三一	三一二	二三一	三二一
2014	三二一	三二一	二三一	三一二	二三一	三二一
2015	三二一	三二一	二三一	三一二	二三一	三二一
2016	三二一	三二一	二三一	三一二	二三一	三二一
2017	三二一	三二一	二三一	三一二	二三一	三二一

从表5-2的结果来看，2013—2017年浙江省6个海岛县(市、区)的海洋产业结构均保持稳定。其中，定海区、普陀区和洞头区均已处于“三二一”的产业结构高级阶段；岱山县和玉环市处于“二三一”的中级阶段，可以判断出岱山县和玉环市海洋产业结构演变模式为右旋模式，若需要达到高级阶段，需要继续加大力度扶持第三产业的发展；嵊泗县处于“三一二”的中级阶段，可以判断嵊泗县海洋产业结构演变模式大致为左旋模式，第三产业已经成为嵊泗县的主导产业，但是第一产业的发展依旧快于第二产业，因此，嵊泗县应该加大对海洋工业发展的扶持力度，为产业结构的升级优化打下基础。

三、浙江省海洋产业结构非均衡化以及空间特征分析

(一)海洋产业结构非均衡化分析

熵，原本是物理学中的概念，可以用来描述系统中的无序现象，也可以

用来衡量组成要素之间的无序和离散程度，一个系统的熵值越大，各要素发展越均衡。此处采用信息熵值来衡量海洋产业结构的非均衡化程度，具体的计算公式如下。

$$H = -\sum_{i=1}^{n} P_i \cdot \ln P_i \tag{5-1}$$

计算得到的 H 值即为海洋产业非均衡化程度，H 值越大表示海洋产业结构越趋于均衡化，H 值越小则说明非均衡化程度越高。其中，P_i 表示第 i 个产业所占权重，n 表示产业类型的数量。利用式 5-1 计算浙江省 2006—2016 年和浙江 6 个海岛县(市、区)2013—2017 年的产业结构熵值，并绘制熵值时序图(见图 5-3 和图 5-4)以展示海洋产业结构非均衡化程度的动态变化过程。从浙江省 2006—2016 年的结构熵值来看，熵值一直保持下降，说明浙江省海洋经济产业的非均衡化程度逐年升高，产业之间的发展越来越不平衡。分析各产业比重变化趋势发现，第一产业占比一直处于较低状态，且呈下降趋势，从 2006 年的 9.93%下降到 2016 年的 7.60%；第二产业所占比重一直处于波动状态，而第三产业的比重则逐年增加，且与第二产业之间的差值越来越大。以具体年份为例，2006 年第三产业占比为 48.25%，只比第二产业所占比重多了 6.43 个百分点；但是随着第三产业的发展，2012 年第三产业所占比重增至 52.20%，第二产业只有 40.30%，比重差值达到了 11.9 个百分点；至 2016 年，该差值达到了 15.68 个百分点。由此可见，浙江省第三产业的发展越来越快，产业结构非均衡程度加大，产业结构高级化阶段进程稳定。

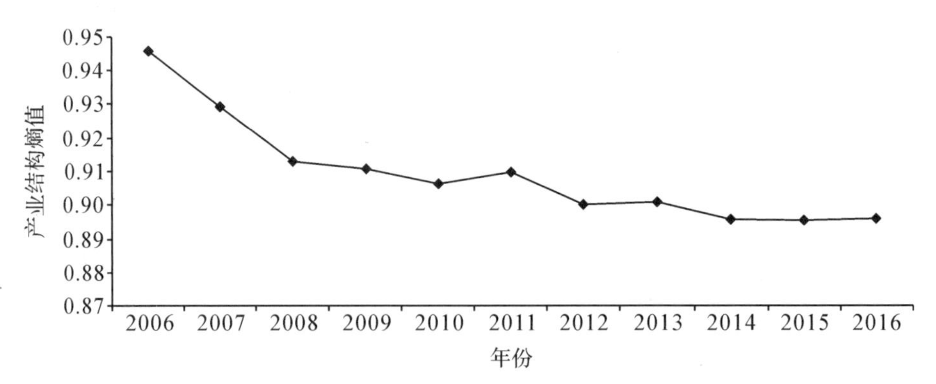

图 5-3 浙江省海洋产业结构熵值变化时序图

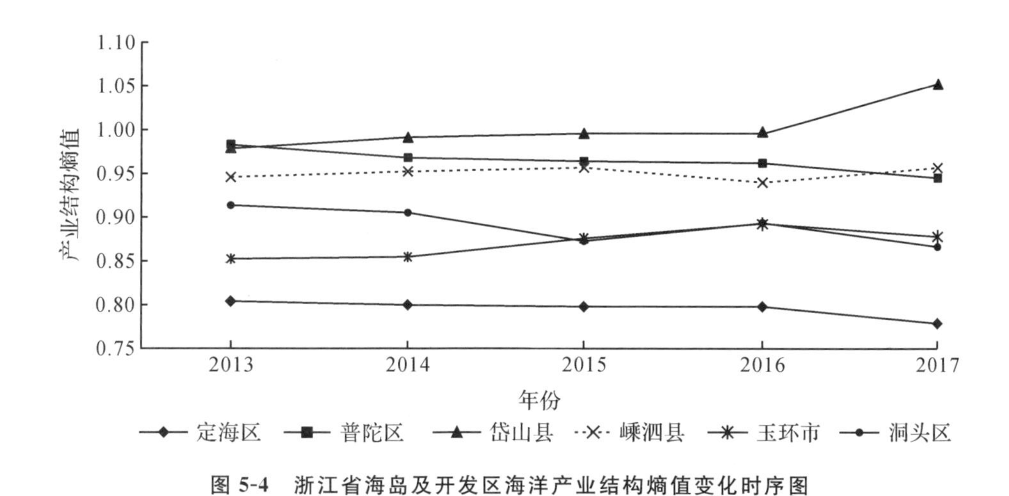

图 5-4　浙江省海岛及开发区海洋产业结构熵值变化时序图

从浙江 6 个海岛县(市、区)2013—2017 年的结构熵值来看,舟山市定海区的非均衡化程度一直是最高的。分析原因,主要是该区第一产业比重远低于第二产业和第三产业所占比重,这五年第一产业的比重仅在 2%—3% 之间;定海区整体海洋 GDP 一直处于这 6 个海岛县(市、区)的前列,洞头区的整体海洋 GDP 只有定海区的 12%—13%,但是,定海区的海洋第一产业产值仅略微高于洞头区,说明定海区的经济增长主要依赖第二和第三产业的发展。岱山县的熵值一直处于较高水平,说明岱山县的产业结构发展比较均衡。从具体数据看,岱山县属于“二三一”产业结构模式,比重最小的第一产业占比在15%—20%之间,且第三产业与第二产业发展的差距不大。特别是,2017 年岱山县第二产业和第三产业的比重差距只有 1 个百分点,由此说明该县产业结构较为均衡,但从长期发展来看,仍需加大对第三产业的发展力度。普陀区和嵊泗县的非均衡化程度相当,但嵊泗县的第一产业比重为 6 个海岛县(市、区)之最,也是 6 个海岛县(市、区)中唯一的第一产业比重大于第二产业比重的海岛,说明嵊泗县目前仍然以第一产业为主,而第二产业的发展受地理因素等限制较为显著。

(二)海洋产业结构空间特征

1. 产业结构高级度

随着经济的不断增长,产业结构从低层次逐渐向高层次发展的过程被称为产业结构高级化,主要表现在产业结构重心逐渐从第一产业转移到第二、三产业,资源逐渐从生产效率较低的部门流动到生产效率较高的部门。

随着三次产业的比例变化，其各自的比重向量与对应坐标轴的夹角也会变化。本节利用这点来构造产业结构高级化指数，具体的计算公式如下：

$$IH = \theta_1 + \theta_2 \tag{5-2}$$

产业结构高级化指数用 IH 来表示，其值越大表示该地区产业结构高级化水平越高。第二、三产业相对于第一产业转移的程度用 θ_1 来表示，$\theta_1 = \pi - \alpha - \beta$，$\alpha$、$\beta$ 是向量 (x_1, x_2, x_3) 与 $(0,1,0)$、$(0,0,1)$ 之间的夹角，x_1、x_2、x_3 分别表示第一、二、三产业在地区生产总值中所占的比例。第二产业向第三产业转移的程度用 θ_2 来表示，$\theta_2 = \pi/2 - \eta$，η 为向量 (x_2, x_3) 与 $(0,1)$ 之间的夹角。θ_1 和 θ_2 的值越大表示产业转移程度越大。根据浙江省2006—2016 年和 6 个海岛县（市、区）2013—2017 年的数据计算得到海洋产业结构高级度得分，如表 5-3所示。

表 5-3 浙江省海洋产业结构高级度得分

年份	IH	年份	IH
2006	1.38	2012	1.42
2007	1.38	2013	1.41
2008	1.41	2014	1.43
2009	1.40	2015	1.43
2010	1.39	2016	1.44
2011	1.40		

从浙江省 2006—2016 年的海洋产业结构高级度得分可以看出，浙江省海洋产业结构逐渐高级化，与前述产业结构演变特征一致。浙江省海洋产业自 2006 年起一直处于“三二一”的产业高级阶段，然而海洋产业结构不够稳定，仍然需进一步优化。2008 年，第三产业占比迅速增长，第二产业占比有所下降，这使得产业结构高级度明显上升；2010 年，第二产业占比增加明显，第三产业占比没有明显增加，产业结构优化进程受阻，致使高级度出现下降。但从时序图（见图 5-5）可以看出，浙江省海洋产业结构高级度总体是上升的，说明浙江省海洋产业结构稳定地处于高级发展阶段，且呈逐渐优化趋势。

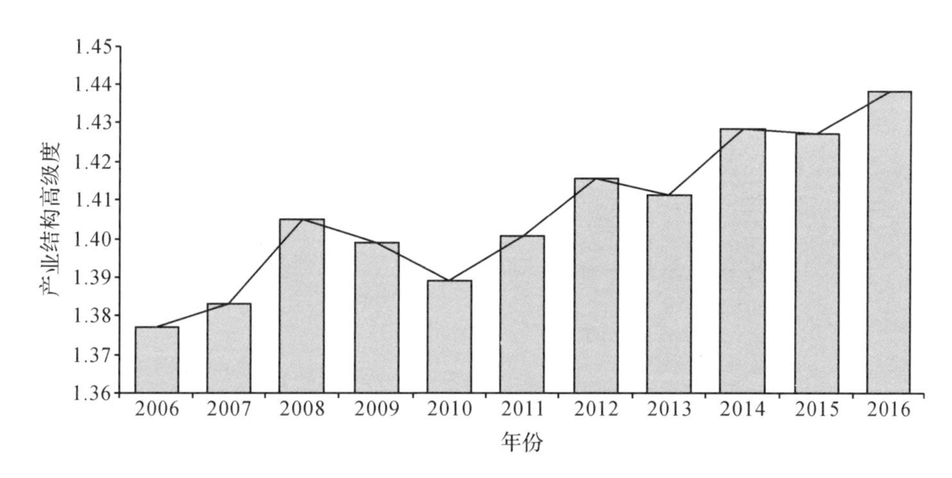

图 5-5　浙江省海洋产业结构高级度得分时序结果

从表 5-4 可以看到，嵊泗县的结构高级度一直处于较高水平；洞头区和普陀区的高级度得分次之，且变动趋势较为一致；定海区的高级度得分处于中等水平，玉环市和岱山县变动趋势较为相似。

表 5-4　浙江省海岛及开发区产业结构高级度得分

IH	2013	2014	2015	2016	2017
定海区	1.37	1.38	1.38	1.36	1.46
普陀区	1.35	1.42	1.44	1.45	1.51
岱山县	1.14	1.19	1.19	1.20	1.29
嵊泗县	1.52	1.52	1.51	1.51	1.49
玉环市	1.18	1.20	1.23	1.27	1.26
洞头区	1.40	1.40	1.48	1.45	1.49

展开来说，嵊泗县 2013—2017 年海洋第三产业产值一直介于 56%—60%之间，产业结构始终为“三一二”模式，全县始终保持将服务业引领到高质量发展新阶段的努力方向。特别是自 2013 年以后，“三一二”的产业格局不断得到巩固和发展，这也是嵊泗县海洋经济结构的高级度一直得分较高的原因。与之相反，岱山县的结构高级度一直处于较低水平。究其原因，岱山县的产业结构自 2013 年以来一直为“二三一”的中级发展模式，其第二产业产值比重远高于第一产业和第三产业。然而，随着岱山县的海洋第二产业逐渐向第三产业转移，第三产业产值比重逐年上升，其结构高级度也呈逐

年上升趋势，发展向好。与岱山县相似，玉环市的结构发展模式同样为“二三一”，随着第二产业产值比重逐渐向第三产业转移，高级化程度也逐年上升，但是其第二产业的比重依然远高于第一产业，需进一步优化结构（见图 5-6）。

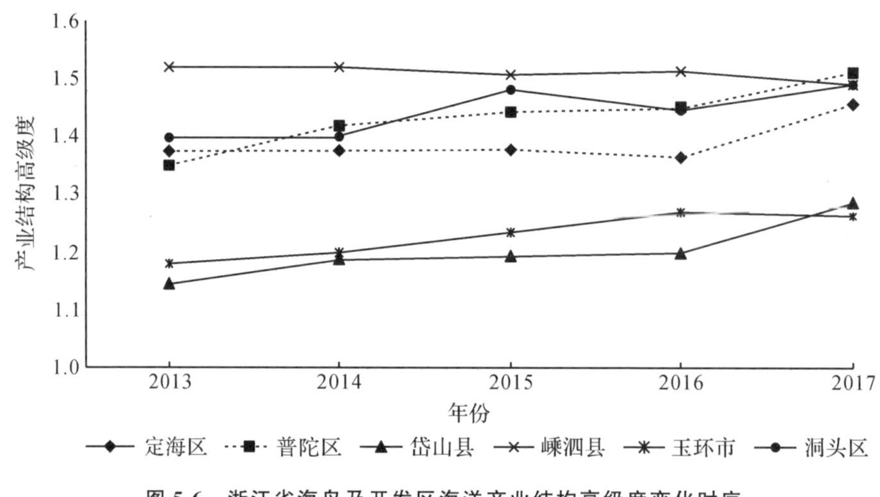

图 5-6　浙江省海岛及开发区海洋产业结构高级度变化时序

2. 产业结构合理度

产业结构合理度指的是三次产业之间的相对均衡程度，能够反映各生产要素在产业之间的合理配置程度、各部门之间的协调发展程度。在研究中，本节以钱纳里等人倡导的标准产业结构为判断标准，采用模糊数学中的 Hamming 贴近度来衡量海洋产业结构合理化程度。具体的计算过程如下。

首先，分别用

$$S^d = \begin{bmatrix} S_1^d \\ S_2^d \\ \vdots \\ S_n^d \end{bmatrix} \tag{5-3}$$

$$S^T = \begin{bmatrix} S_1^t \\ S_2^t \\ \vdots \\ S_n^t \end{bmatrix} \tag{5-4}$$

来表示产业结构和参考的标准结构。其次，令 $S_d = \sum_{i=1}^{n} S_i^d$，$S_T = \sum_{i=1}^{n} S_i^t$，可以

得到模糊化后的产业结构和标准产业结构。

$$S^{d'}=\frac{1}{S_d}\begin{bmatrix}S_1^d\\S_2^d\\\vdots\\S_n^d\end{bmatrix} \tag{5-5}$$

$$S^{T'}=\frac{1}{S_T}\begin{bmatrix}S_1^t\\S_2^t\\\vdots\\S_n^t\end{bmatrix} \tag{5-6}$$

因此，产业结构的贴近度公式可表示为：

$$R=1-\frac{1}{n}\sum_{i=1}^{n}|S_i^{d'}-S_i^{t'}| \tag{5-7}$$

其中，n 表示产业个数。R 即为产业结构贴近度，用来评价产业结构合理程度，且其取值范围为区间[0,1]，其值越大则说明产业结构越趋于合理化。

依据钱纳里的标准产业结构和工业化阶段理论，借鉴日本三次产业结构比例和人均 GDP 的关系，本研究将标准产业结构定为：$S^T=[6, 12, 44.55, 49.33]^T$。

通过以上步骤计算得到浙江省 2006—2016 年和浙江省 6 个海岛县（市、区）2013—2017 年的海洋产业结构合理度得分，结果如表 5-5 所示。

表 5-5　浙江省海洋产业结构合理度得分

年份	R	年份	R
2006	0.97	2012	0.97
2007	0.98	2013	0.97
2008	0.97	2014	0.96
2009	0.98	2015	0.97
2010	0.99	2016	0.96
2011	0.98		

从浙江省海洋产业结构合理度得分来看，2006—2016 各年得分都在 0.955 以上，说明浙江省海洋产业结构一直处于较合理的水平，且接近于理想的产业结构比例。但是，从时序图（见图 5-7）来看，自 2010 年以后，海洋产业结构合理度得分有所下降。特别是 2014 年降幅较大，2016 年合理度得

分降至10年来最低水平。究其原因,2014—2016年间浙江省海洋第三产业占比明显上升,占比均在53%以上,而海洋第二产业占比则低于40%,使得实际产业结构与标准产业结构的偏差逐渐增大,因而导致合理度得分下降。

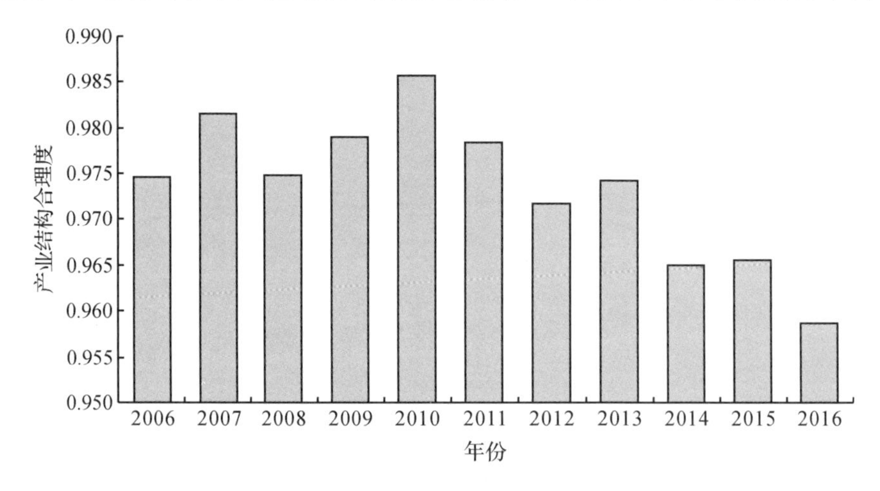

图 5-7 浙江省海洋产业结构合理度变化时序图

结合表5-6和图5-8可知,2013—2017年,定海区的结构合理度一直处于较高水平,洞头区和普陀区次之,且呈缓慢下降趋势,而玉环市和岱山县逐年上升,有赶超洞头区和普陀区的势头,嵊泗县则始终处于相对最低的水平。对定海区进行具体剖析可知,该区2013—2017年的海洋产业结构一直是“三二一”高级发展模式,三次产业比重与理想的产业比重之间差距较小,在6个县(市、区)中产业结构最合理,故而结构合理度得分最高;然而,该区的结构合理度在2017年突然下降,探究原因发现,其海洋第二产业在向第三产业转移过程中第一产业比重基本没有变化,但第三产业比重的突然上升导致其整体合理度下降。嵊泗县的产业结构合理度得分最低,究其原因,其产业结构模式一直为“三一二”模式,虽然其第三产业比重很高,但是第二产业的比重过低,导致其与理想的“三二一”发展模式差距较大。

表 5-6 浙江省海岛及开发区海洋产业结构合理度得分

R	2013	2014	2015	2016	2017
定海区	0.9789	0.9778	0.9771	0.9766	0.9424
普陀区	0.9570	0.9492	0.9342	0.9315	0.8881
岱山县	0.8687	0.8902	0.8927	0.8955	0.9087

续 表

嵊泗县	0.8024	0.8074	0.8055	0.7956	0.7973
玉环市	0.8910	0.9031	0.9220	0.9404	0.9388
洞头区	0.9787	0.9791	0.9378	0.9545	0.9322

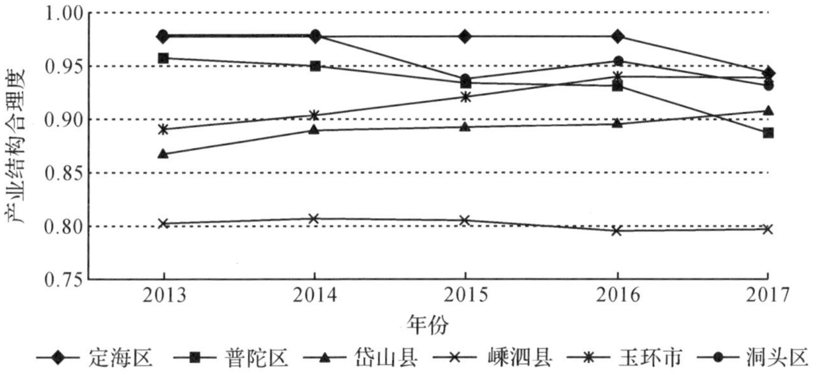

图 5-8 浙江省海岛及开发区海洋产业结构合理度变化时序

3. 产业结构综合评价指标

根据前文的分析与计算结果，本节将产业结构高级度与合理度同比加权得到产业结构综合评价指标，具体公式如下。

$$S = \frac{(IH + R)}{2} \tag{5-8}$$

其中，IH 和 R 分别代表产业结构高级度和合理度；产业结构综合评价得分则用 S 来表示，其值越大，说明该地区产业结构高级度和产业结构合理度都比较高。

结合表 5-7 和图 5-9 来看，浙江省 2006—2016 年海洋产业结构综合评价指标得分总体呈现上升趋势。其中，受海洋第二产业增速快于第三产业影响，2009—2011 年期间海洋第二产业比重迅速上升，造成海洋产业高级度下降，从而使海洋产业结构综合评价指标得分出现略微下降。而后，随着第三产业迅速发展，2014—2016 年海洋产业结构合理度虽然降低，但产业结构向高级化持续发展，因此海洋产业结构的综合得分仍呈上升趋势。

表 5-7 浙江省海洋产业结构综合评价指标得分

年份	S	年份	S
2006	1.176	2012	1.194
2007	1.182	2013	1.193
2008	1.190	2014	1.197
2009	1.189	2015	1.197
2010	1.187	2016	1.199
2011	1.189		

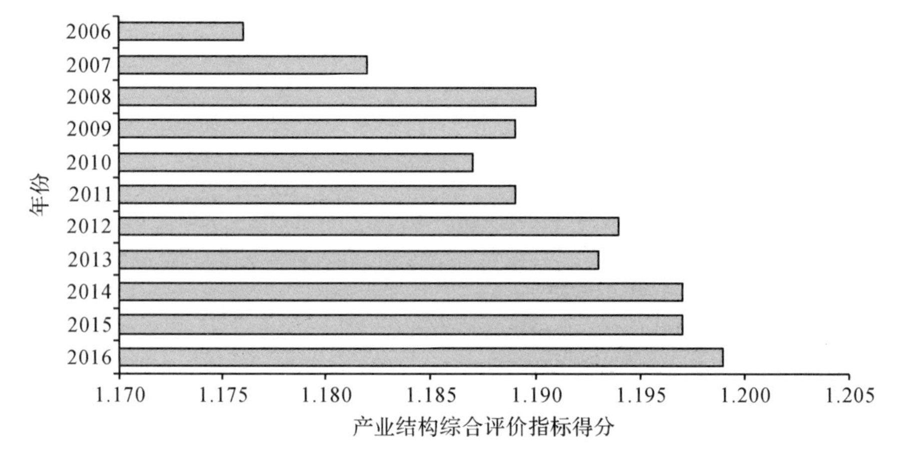

图 5-9 浙江省海洋产业结构综合评价指标

从海岛县(市、区)的海洋产业结构综合评价指标来看,洞头区、普陀区和定海区位于浙江省 6 个海岛县和开发区的前列,这 3 个地区的发展模式均为"三二一"高级发展模式,产业结构高级度和合理度都比较高(见表 5-8 和图 5-10)。分析原因,一方面得益于这些地区的地理位置和资源状况,另一方面,得益于地区大力发展第二、第三产业,将产业结构逐渐推向高级化。综合得分较低的为岱山县和玉环市,这 2 个地区的产业结构模式都为"二三一",且第二产业的比重远大于第一产业和第三产业,但随着第二产业向第三产业转移,第三产业的比重逐渐增加,与第二产业的差距越来越小,产业结构合理度和高级度逐渐提高。

表 5-8　浙江省海岛及开发区海洋产业结构综合评价指标得分

S	2013	2014	2015	2016	2017	发展模式
定海区	1.176	1.177	1.176	1.171	1.200	三二一
普陀区	1.153	1.183	1.189	1.190	1.201	三二一
岱山县	1.007	1.039	1.042	1.047	1.097	二三一
嵊泗县	1.160	1.162	1.156	1.154	1.143	三一二
玉环市	1.036	1.052	1.078	1.105	1.101	二三一
洞头区	1.188	1.190	1.208	1.200	1.211	三二一

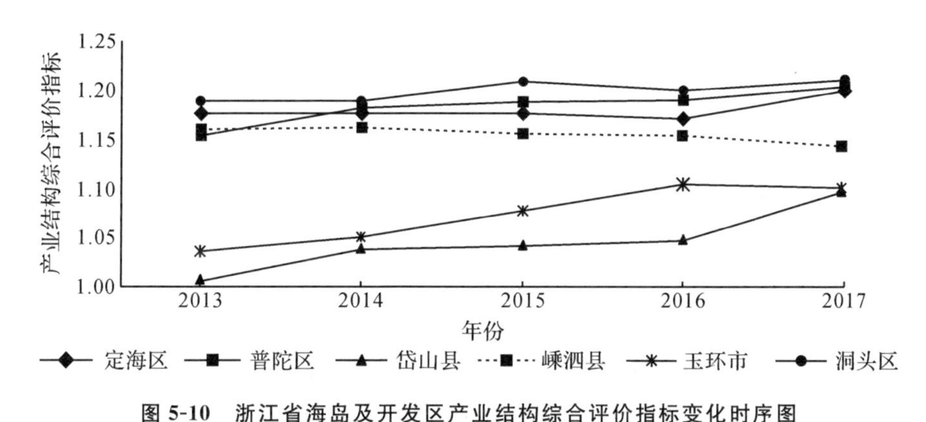

图 5-10　浙江省海岛及开发区产业结构综合评价指标变化时序图

第二节　浙江省海洋经济因灾间接损失评估分析

一、海洋灾害对于经济的影响

在全球气候变化的背景下，极端自然现象对社会经济造成的巨大损失引起了社会各界的广泛关注。浙江省位于中国东南沿海、长三角洲南翼，日益频发的海洋灾害对浙江省造成的经济损失尤为严重。2013—2017 年间，海洋灾害每年对浙江省造成的直接经济损失均在 9000 万元以上，特别是 2013 年，海洋灾害造成的直接经济损失达到了 28 亿元。

(一)灾害损失划分

目前，学界对自然灾害造成的损失类型仍没有统一的划分标准，常见的划分观点有如下 2 种:第一种是以损失的对象类型为分类依据,将其分为经济损失和人员伤亡(自然灾害损失评估指标体系的研究);第二种是以损失的性质为依据,将其分为经济损失和社会损失(沿海自然灾害损失分类与评估的研究),其中,社会损失包含对公众的行为和心理的损害,其他均属于经济损失。在后一种观点中,自然灾害对经济造成的损失又可以划分为直接经济损失和间接经济损失 2 类。

1. 直接经济损失

直接经济损失是指由灾害造成承灾体无间接经济损失、无中间环节的损毁,例如农作物产量减少、公共设备和房屋建筑等的毁坏等。在定义和分类上,Parker(1991)等从流量和存量的视角出发将灾害中的直接经济损失定义为某一时间点上某一变量的存量,于庆东(1996)等人则将直接经济损失划分为企业资产损失、居民财产损失和自然资源损失三部分。由此可见,直接经济损失可以直接根据政府部门的统计报告和现场调查获得,其计算方式较为简单,且时效性较强。

2. 间接经济损失

间接经济损失是由直接经济损失造成的后续影响,但由于间接经济损失的涉及范围较广,研究内容复杂,学者们对于间接经济损失的具体内容划分各不相同。Brookshire(1997)等认为直接经济损失引起供给瓶颈或需求减少,导致经济系统产生乘数效应后发生的损失为间接经济损失。黄渝祥(1994)等认为除了直接经济损失外的经济损失都是间接经济损失,包括由中间投入积压增加的经济损失、间接停产减产损失和投资溢价损失等。在间接经济损失的计算方面,徐嵩龄(1998)认为间接测算需要进行多角度、多方面的考量,需同时考虑关联产业和关联区域的影响。

本节在研究海洋灾害对海洋经济的影响时,同样将海洋灾害对海洋经济造成的损失划分为直接经济损失和间接经济损失。对于直接经济损失的部分,可从国家统计局等政府部门的自然灾害公报中获得统计数据,而间接经济损失则是指海洋灾害对人们造成的直接经济损失的后续衍生影响,可视为海洋灾害直接经济损失的扩展,数据较难以统计。因而,本节重点探讨海洋灾害带来的间接经济损失评估问题。由于第一产业为海洋经济的基础产业,一旦受损就会对整个经济体系原有的均衡状态造成影响,因产能不足带来经济损失的同时,也会造成产业关联损失,因而,在对间接经济损失进行讨论时,本节将之视为海洋灾害对社会经济产生影响时因生产能力不均衡而导致的损失。

(二)海洋灾害间接经济损失评估方法

随着学术界的高度关注与研究的不断深入,海洋灾害间接经济损失评估方法得到了不断创新。海洋灾害间接经济损失评估方法多种多样,较为常用的有投入产出模型、生产网络模型、社会核算矩阵模型、一般均衡模型和系统动力学模型等。其中,投入产出模型相较于其他模型灵活性更强,不仅可以根据投入产出表选择不同的数据进行计算,而且能较为便捷地计算社会经济系统中各部门间的相互影响关系,能够更为精确地反映地区的实际投入产出情况,是较为有效的一种测算海洋灾害经济间接损失的方法。因而,本节选择投入产出模型对海洋灾害间接经济损失进行测算。

二、基于投入产出模型的经济损失测算

(一)投入产出模型原理

投入产出模型是由经济学家华西里·列昂惕夫(Wassily Leontif)创立的,"投入"是指在生产过程中消耗的各类要素,"产出"是指运用投入得到的成果。投入产出模型以投入产出表为基础,借助线性代数模型,对投入产出过程进行分析建模,其结果可以反映国民经济内部各部门之间复杂的关系,明确再生产过程的计算与分析。此外,还可以通过投入产出表对社会经济活动进行分析和预测。

根据计量单位的不同,投入产出表可以分为价值型、劳动型和实物型,其中,主要编制的是价值型投入产出表和实物型投入产出表。由于价值型投入产出表更加贴合实际,故而该表最为普遍。在表格设计上,投入产出表分为 4 个象限。第Ⅰ象限是中间流量表,由 x_{ij} 构成,横向看,x_{ij} 表示 i 产品分配给 j 部门的数量;纵向看,x_{ij} 表示 j 部门生产过程中使用 i 产品的数量。第Ⅱ象限代表最终使用 Y_j,包括最终消费、资本形成总额、进口和出口总额。第Ⅲ象限代表增加值,表示固定单位投入生产过程中的非固定资产和各个服务的价值总和。第Ⅳ象限是再分配象限,理论上该象限反映的是增加值经过分配和再分配后得到的最终收入,但在实际中无法反映出来,因此一般在制表中将其省略。价值型投入产出表如表 5-9 所示。

表 5-9 投入产出表

<table>
<tr><th rowspan="2"></th><th rowspan="2"></th><th colspan="4">中间使用</th><th colspan="5">最终使用</th><th rowspan="2">总产出</th></tr>
<tr><th>部门 1</th><th>…</th><th>部门 n</th><th>合计</th><th>最终消费</th><th>资本形成</th><th>进口</th><th>出口</th><th>合计</th></tr>
<tr><td rowspan="4">中间投入</td><td>部门 1</td><td colspan="4" rowspan="4">第Ⅰ象限</td><td colspan="5" rowspan="4">第Ⅱ象限</td><td rowspan="4"></td></tr>
<tr><td>…</td></tr>
<tr><td>部门 n</td></tr>
<tr><td>合计</td></tr>
<tr><td rowspan="5">增加值</td><td>固定资产折旧</td><td colspan="4" rowspan="5">第Ⅲ象限</td><td colspan="5" rowspan="5">第Ⅳ象限</td><td rowspan="5"></td></tr>
<tr><td>劳动者报酬</td></tr>
<tr><td>生产税净额</td></tr>
<tr><td>营业盈余</td></tr>
<tr><td>合计</td></tr>
<tr><td></td><td>总投入</td><td colspan="4"></td><td colspan="3"></td><td></td><td></td><td></td></tr>
</table>

（二）投入产出模型建立

投入产出表中，第Ⅰ、Ⅱ象限表示产品的分配即行平衡。总产出为中间使用和最终使用的加总，计算公式为：

$$\sum_{j=1}^{n} x_{ij} + Y_i = X_i \tag{5-9}$$

其中，$\sum_{j=1}^{n} x_{ij}$ 为中间使用，横向看，表示 i 产品分配给其他所有部门的产品数量总和；纵向看，表示各产业部门生产中使用 i 产品的数量总和。Y_i 为最终使用合计，X_i 为总产出。

直接消耗系数又称为投入系数，是指社会经济运行过程中某部门直接消耗各产业部门的产品或服务的数量，公式如下。

$$a_{ij} = \frac{x_{ij}}{X_j}(i, j = 1, \cdots, n) \text{，即 } \boldsymbol{A} = \boldsymbol{X}\hat{\boldsymbol{Q}}^{-1} \tag{5-10}$$

$\boldsymbol{A}$ 表示直接消耗系数矩阵，$\boldsymbol{X}$ 是中间流量矩阵，$\hat{\boldsymbol{Q}}^{-1}$ 是总产品对角矩阵的逆矩阵。直接消耗系数越大，则产品间的依赖关系越强，反之亦然。当直接消耗系数为 0 时，表明产品间没有直接联系。

将直接消耗系数引入行平衡模型中，则可将行平衡公式转变为：

$$\sum_{j=1}^{n} a_{ij} X_j + Y_i = X_i \tag{5-11}$$

矩阵形式如下。

$$\begin{bmatrix} a_{11} & \cdots & a_{1n} \\ \vdots & \vdots & \vdots \\ a_{n1} & \cdots & a_{nn} \end{bmatrix} \begin{bmatrix} X_1 \\ \vdots \\ X_n \end{bmatrix} + \begin{bmatrix} Y_1 \\ \vdots \\ Y_n \end{bmatrix} = \begin{bmatrix} X_1 \\ \vdots \\ X_n \end{bmatrix} \tag{5-12}$$

即 $\boldsymbol{AX} + \boldsymbol{Y} = \boldsymbol{X}$，移项整理可得：$\boldsymbol{X}=(\boldsymbol{I}-\boldsymbol{A})^{-1}\boldsymbol{Y}$。其中$(\boldsymbol{I}-\boldsymbol{A})^{-1}$为列昂惕夫矩阵，$\boldsymbol{I}$ 为单位矩阵。

分析投入产出表，由于经济系统内部各部门、各变量之间存在一般均衡关系，故若对行模型和列模型分别进行计算，得到的结果应该是相同的。因此本节不对列模型做详细描述，仅以农林牧渔业为例，用行模型测算浙江省海洋灾害的间接经济损失。

海洋灾害对农林牧渔业造成的损失一般为养殖产量的损失，与造成渔业的生产设备、成品和原材料损失不同，这一损失不仅包括最终产品损失，还包括了中间消耗带来的机会损失，是两者的加总。因此，农林牧渔业部门的直接经济损失由中间产品损失和最终产品损失构成。本节使用以农林牧渔为代表的第一产业的直接经济损失，测算其引起的其他产业关联的间接经济损失。将农林牧渔业部门的总产品损失记为 ΔX_1，同时假设其他部门的最终产品不变，则根据农林牧渔业部门生产能力变化值来确定其他部门的生产能力的变化，有：

$$\Delta\boldsymbol{X}=(\boldsymbol{I}-\boldsymbol{A})^{-1}\Delta\boldsymbol{Y} \tag{5-13}$$

其中，$\Delta\boldsymbol{X}$ 表示各部门的总产品损失，$\Delta\boldsymbol{Y}$ 为各部门的最终产品损失。依据前述直接消耗系数的概念，可以看出它仅仅对为获得最终产品而消耗的中间产品数量进行了计算，而忽略了中间产品的获得成本，因此需要引入完全消耗系数。

完全消耗系数是指 j 部门为生产单位最终产品消耗的 i 产品的数量，则完全消耗系数可用直接消耗系数来表示，公式为：

$$\boldsymbol{B}=(\boldsymbol{I}-\boldsymbol{A})^{-1}-\boldsymbol{I} \tag{5-14}$$

其中，$\boldsymbol{B}$ 表示完全消耗系数矩阵，b_{ij} 表示矩阵中的各元素。则产品生产消耗过程中的整个国民经济动态变化可表示为：

$$\begin{bmatrix} \Delta X_1 \\ \vdots \\ \Delta X_n \end{bmatrix} = \begin{bmatrix} b_{11} & \cdots & b_{1n} \\ \vdots & \vdots & \vdots \\ b_{n1} & \cdots & b_{nn} \end{bmatrix} \begin{bmatrix} \Delta Y_1 \\ \vdots \\ \Delta Y_n \end{bmatrix} + \begin{bmatrix} \Delta Y_1 \\ \vdots \\ \Delta Y_n \end{bmatrix}，\text{即 } \Delta\boldsymbol{X}=(\boldsymbol{B}+\boldsymbol{I})\Delta\boldsymbol{Y} \tag{5-15}$$

以第一产业的农林牧渔业部门损失为例，$\Delta X_1 = \sum_{i=1}^{n} b_{1i} \Delta Y_i + \Delta Y_1$，移项整理得 $\Delta Y_1 = \dfrac{\Delta X_1}{1 + \sum_{i=1}^{n} b_{1i}}$，其中农林牧渔业部门最终产品减少 $\dfrac{\Delta X_1}{1 + \sum_{i=1}^{n} b_{1i}}$，农林牧渔业部门的总产品损失为 ΔX_1，因此由于农林牧渔业部门生产能力减少而造成的中间损失为 $\dfrac{\sum_{i=1}^{n} b_{1i} \Delta X_1}{1 + \sum_{i=1}^{n} b_{1i}}$。农林牧渔业部门最终产品的减少也会对其他部门的中间消耗造成影响，由此可得其他关联部门的总产出减少为 $\Delta X_j = \dfrac{\sum_{i=1}^{n} b_{ji} \Delta X_1}{1 + \sum_{i=1}^{n} b_{1i}}$。

（三）海洋灾害产业关联损失测算

1. 数据来源及处理

本部分主要就海洋灾害对浙江省造成的间接经济损失进行测算，数据来源于浙江统计局发布的 2015 年浙江省投入产出延长表（42 个部门）。

浙江省作为沿海大省，是我国受海洋灾害影响最为严重的省份之一。表 5-10 为 2013—2017 年浙江省海洋灾害直接经济损失表。由统计数据可知，2014 年浙江省海洋灾害损失占全省自然灾害损失比重为 5 年中最高值，达 6.87%，但自然灾害损失总量却不是最高的，2013 年是 5 年中浙江省自然灾害损失最为严重的一年。2013 年，受"潭美"和"菲特"2 次达到红色警戒级别的台风风暴潮影响，浙江省经历了持续天数较长的灾害性海浪，海洋灾害损失也是 5 年之最，达 28.23 亿元。

海洋灾害给区域的社会经济带来了巨大的影响，这也使得防灾减灾工作迫在眉睫，因此，有必要借助投入产出表测算海洋灾害产业的关联损失。由于投入产出表每 5 年编制一次，逢 0 或 5 会编制延长表，而 2013 年并不是编制投入产出表的年份，因此选择编制 2015 年的投入产出表。

表 5-10　2013—2017 年浙江省海洋灾害直接经济损失

年份	自然灾害损失/亿元	海洋灾害损失/亿元	占比/%
2013	695.9	28.23	4.06
2014	64.6	4.44	6.87
2015	228.2	11.25	4.93
2016	436.9	4.02	0.92
2017	46.2	0.92	1.99

注:数据来源于国家统计局、2013—2017 年《浙江省海洋灾害公报》。

2015 年浙江省投入产出表由农林牧渔产品和服务、煤炭采选产品、石油和天然气开采产品等 42 个部门构成。为了简化计算过程,借鉴张鹏(2012)的分类方法,将 42 个部门合并成 16 个部门,分别为:农林牧渔,采矿业,食品制造及烟草加工业,轻工业制造业,重工业制造业,专用设备制造业,电力、水力及燃气生产和供应业,建筑业,商业,交通运输、仓储和邮政,信息传输、软件和信息技术服务,金融,房地产,行政管理和综合服务业,教育、文化、体育和娱乐,卫生、公共管理、社会保障和社会组织。

2. 产业间关联比重测算

投入产出表作为投入产出模型的基础,反映了经济系统内部各部门、各变量之间错综复杂的关系。投入产出表中某一个部门发生变化时,不仅改变该部门自身的情况,也会对其他部门造成影响,因为在社会生产过程中,某一部门的产品也会作为其他部门的中间投入。将处理后的投入产出表数据代入上文介绍的公式,计算得到直接消耗系数(见表 5-11)和完全消耗系数(见表 5-12)。

表 5-11　直接消耗系数

直接消耗系数	农林牧渔	采矿业	…	教育、文化、体育和娱乐	卫生、公共管理、社会保障和社会组织
农林牧渔	0.0539	0.0003	…	0.0025	0.0002
采矿业	0.0004	0.2144	…	0.0000	0.0000
…	…	…	…	…	…
教育、文化、体育和娱乐	0.0000	0.0053	…	0.0812	0.0162
卫生、公共管理、社会保障和社会组织	0.0399	0.0004	…	0.0012	0.0404

表 5-12　完全消耗系数

完全消耗系数	农林牧渔	采矿业	…	教育、文化、体育和娱乐	卫生、公共管理、社会保障和社会组织
农林牧渔	0.093162	0.018615	…	0.021986	0.018747
采矿业	0.047878	0.396102	…	0.042135	0.073984
…	…	…	…	…	…
教育、文化、体育和娱乐	0.003793	0.013747	…	0.092431	0.02269
卫生、公共管理、社会保障和社会组织	0.046225	0.003252	…	0.003377	0.044241

3. 海洋灾害间接经济损失测算

根据浙江省海洋与渔业局公布的 2013 年《浙江省海洋灾害公报》可知，2013 年浙江省海洋灾害造成的直接经济损失为 28.23 亿元，农林牧渔业部门的经济损失占全部经济损失的 80%，因此，若将该 80%认定为农林牧渔业的直接经济损失，则以 2013 年浙江省第一产业为代表的农林牧渔业的总产出损失为 22.58 亿元。根据上文介绍的投入产出模型，代入后可得到 2013 年浙江省其他部门的损失值，结果如表 5-13 所示。

表 5-13　2013 年浙江省各部门间接经济损失

<table>
<tr><th colspan="2">各部门产出损失</th><th>损失值/亿元</th><th colspan="2">各部门产出损失</th><th>损失值/亿元</th></tr>
<tr><td rowspan="2">农林牧渔业</td><td>最终产品</td><td>20.6593</td><td rowspan="9">产业关联部门</td><td>商业</td><td>1.2590</td></tr>
<tr><td>中间损失</td><td>1.9247</td><td>交通运输、仓储和邮政</td><td>0.8980</td></tr>
<tr><td rowspan="7">产业关联部门</td><td>采矿业</td><td>0.9891</td><td>信息传输、软件和信息技术服务</td><td>0.2010</td></tr>
<tr><td>食品制造及烟草加工业</td><td>2.2267</td><td>金融</td><td>1.4017</td></tr>
<tr><td>轻工业制造业</td><td>0.7662</td><td>房地产</td><td>0.0723</td></tr>
<tr><td>重工业制造业</td><td>6.3421</td><td>行政管理和综合服务业</td><td>0.8752</td></tr>
<tr><td>专用设备制造业</td><td>2.9556</td><td>教育、文化、体育和娱乐</td><td>0.0784</td></tr>
<tr><td>电力、水力及燃气生产和供应业</td><td>0.8687</td><td>卫生、公共管理、社会保障和社会组织</td><td>0.9550</td></tr>
<tr><td>建筑业</td><td>0.0151</td><td>间接损失合计</td><td>42.4879</td></tr>
</table>

由表5-13可知，从经济损失总量来看，2013年浙江省受海洋灾害的影响造成的间接经济损失为42.4879亿元，而直接经济损失为28.23亿元。因此，海洋灾害造成的损失合计为70.7179亿元，且间接经济损失的占比高达60.08%。

间接经济损失在海洋灾害带来的经济损失中占据相当大的比重，因此，下面分部门进行详细测算。首先，农林牧渔业部门的间接损失合计为22.584亿元，其中最终产品损失为20.6593亿元，占全部间接经济损失的48.62%。其次，产业关联部门的间接损失合计为19.9040亿元，占全部间接经济损失的46.85%。最后，由农林牧渔业引起的关联产业的间接损失中，重工业制造业的间接损失值最大，为6.3421亿元，说明其和农林牧渔业的关联性最强；而专用设备制造业、食品制造及烟草加工业和金融与农林牧渔业的损失关联性依次递减，间接经济损失分别为2.9556亿元、2.2267亿元和1.4017亿元；建筑业的间接损失最小，为0.0151亿元。

第三节　浙江省海洋节能减排效率分析

海洋节能减排效率的测算是一项涉及许多因素的系统工程，很难用某一个指标来衡量。比如，常用的能源强度指标（单位GDP能耗）仅考虑了能源消耗量和生产总值，忽略了污染物的排放量。本节将在有关海洋经济研究结论的基础上，结合DEA的理论，使用DEA-Malmquist方法对浙江省海洋节能减排相对效率进行测算。考虑到效率的定义，还引入了包括浙江省在内的全国11个沿海地区，从相对角度测度浙江省海洋节能减排的相对效率。

一、指标处理

针对目前浙江省海洋节能减排的现状，考虑指标的可获得性和可解释性，本节将海洋经济资本存量、海洋经济劳动力、海水养殖量占比、海洋经济总能耗、海洋废水排放量、海洋二氧化硫排放量和海洋氮氧化物排放量作为投入指标，将海洋经济增加值和海洋服务业增加值占比作为产出指标。

(一)海洋经济资本存量 *HK*

该指标用“永续盘存法”估算,资本存量计算公式为:

$$K_t = I_t + (1 - \sigma)K_{t-1} \tag{5-16}$$

其中,I_t 是浙江省第 t 年的固定资产投资流量,K_t 是浙江省第 t 年的资本存量,σ 是折旧率,取为 9.5%。

$$HK = \frac{\text{GOP}}{\text{GDP}} \times K \tag{5-17}$$

参考张军(2004)的算法,以 1952 年为基期,$I_t = \prod_{i=1952}^{t} p_i \times I_{1952}$ 。其中,P_i 为第 i 年的固定资产价格指数。为了简化计算,取 1952 年固定资产投资总量作为基期资本存量 K_t。

(二)海洋经济劳动力

劳动力是指从事生产的有用劳动的能力,常用从业人员的有效劳动时间衡量。但由于统计体系不够完善,本书采用海洋经济从业人员指标代替海洋经济劳动力。

(三)海水养殖量占比

海水养殖产量占水产品总产量比重为海水养殖量占比。

(四)海洋经济总能耗

该指标以海洋经济总能耗表示,单位为亿吨标准煤。计算方法如下。

$$\text{海洋经济总能耗} = \frac{\text{GOP}}{\text{GDP}} \times \text{总能耗} \tag{5-18}$$

(五)污染排放物

此项运用的指标分别为海洋废水排放量(万吨)、海洋二氧化硫排放量(吨)、海洋氮氧化物排放量(吨)。计算方法分别为:

$$\text{海洋废水排放量} = \frac{\text{GOP}}{\text{GDP}} \times \text{工业废水排放量} \tag{5-19}$$

$$\text{海洋二氧化硫排放量} = \frac{\text{GOP}}{\text{GDP}} \times \text{工业二氧化硫排放量} \tag{5-20}$$

$$\text{海洋氮氧化物排放量} = \frac{\text{GOP}}{\text{GDP}} \times \text{工业氮氧化物排放量} \tag{5-21}$$

之所以使用工业污染物排放量而不考虑生活污染物排放量，是因为工业污染物排放与海洋产业相关性较为密切，而生活污染物排放与海洋产业相关性不大。

（六）不变价海洋生产总值（constant price GOP）

各地区国内生产总值以1952年为基期，使用国内生产总值指数平减得到不变价GDP（constant price GDP），计算方法为：

$$CP\,\mathrm{GDP}_t = \prod_{i=1952}^{t} q_i \times \mathrm{GDP}_{1952} \tag{5-22}$$

当 $t \in [2011, 2016]$ 时：

$$CP\,\mathrm{GOP}_t = \frac{CP\,\mathrm{GDP}_t}{\mathrm{GDP}_t} \times \mathrm{GOP}_t \tag{5-23}$$

（七）海洋服务业占比

海洋服务业占比即为海洋第三产业增加值占海洋经济总增加值的比重。

二、DEA模型介绍

具体来说，单输入、单输出的工程效率可以简单地用输出和输入的商来表示。DEA是将这种思想推广到具有多输入、多输出的效率计算上，其效率可以类似定义为输出项加权和/输入项加权和，仅依靠分析生产决策单元的投入与产出数据，来评价多输入与多输出决策单元之间的相对有效性。其基本思路是综合分析所有被评价单元（DMU）得到产出对投入的比率，并以此为根据计算得到生产前沿面，再以被评价单元与前沿面的距离为依据判断其是否DEA有效，若得到的结论是非DEA有效或弱DEA有效，在此基础上运用投影方法可以说明原因和改进的方式。

DEA方法特别适用于具有多输入、多输出的系统，因为不需要预先估计参数，从而避免了主观因素，简化了运算。这主要体现在2点：决策单元各输入、输出的权重是内生变量，避免人为确定权重的主观性；不需要确定输入、输出之间的显式表达式，使DEA方法适用面更广。

考虑到节能减排效率中的产出量（海洋经济增加值）在短期内无法任意改变，而投入量可以调整，因而本节在对海洋节能减排效率进行测算时选择投入导向型的CCR模型，其线性规划形式如下：

$$\begin{cases}\max[\theta-\varepsilon(e^{T}s^{-}+\hat{e}^{T}s^{+})]\\ \sum_{j=1}^{n}x_{i}\lambda_{j}+s^{-}=\theta x_{0}\\ \sum_{j=1}^{n}y_{j}\lambda_{j}-s^{+}=y_{0}\\ \lambda_{j}\geqslant 0,j=1,\cdots,n,s^{+}\geqslant 0;s^{-}\geqslant 0\end{cases} \tag{5-24}$$

若 $\theta=1,s^{-}=0,s^{+}=0$ ，就认为被评价单元是 DEA 有效的；若 $\theta<1$，则是 DEA 无效的。

三、Malmquist 指数方法

Malmquist 指数是由 Malmquist 提出的，利用各决策单元到生产前沿面的距离来计算投入产出指数。Caves 和 Diewart 于 1982 年首次将其作为生产效率指数应用到生产理论中。

$$M_{i}^{t}(x_{i}^{t},y_{i}^{t};x_{i}^{t+1},y_{i}^{t+1})=\frac{D_{i}^{t}(x_{i}^{t},y_{i}^{t})}{D_{i}^{t}(x_{i}^{t+1},y_{i}^{t+1})} \tag{5-25}$$

$$M_{i}^{t+1}(x_{i}^{t},y_{i}^{t};x_{i}^{t+1},y_{i}^{t+1})=\frac{D_{i}^{t+1}(x_{i}^{t+1},y_{i}^{t+1})}{D_{i}^{t+1}(x_{i}^{t},y_{i}^{t})} \tag{5-26}$$

其中，D_{i}^{t} 为 t 时期的距离函数，投入向量 x_{i}^{t} 表示 t 时期 i 地区的投入（如资本存量、污染排放、劳动力等），产出向量 y_{i}^{t} 表示 t 时期 i 地区的产出（包括海洋资本存量和海洋服务业占比）。式 5-25 表示在 t 时期的技术条件下，效率从时期 t 到时期 $t+1$ 的变化；式 5-26 可同理解释。

之后，Fare 等人提出基于产出的全要素生产率指数可以使用 Malmquist 生产率指数来表示，Malmquist 生产率指数是 M_{i}^{t} ，M_{i}^{t+1} 几何平均数，且可以进行以下分解：

$$\begin{aligned}M_{i}(x_{i}^{t},y_{i}^{t};x_{i}^{t+1},y_{i}^{t+1})&=\left[\frac{D_{i}^{t}(x_{i}^{t+1},y_{i}^{t+1})}{D_{i}^{t}(x_{i}^{t},y_{i}^{t})}\times\frac{D_{i}^{t+1}(x_{i}^{t+1},y_{i}^{t+1})}{D_{i}^{t+1}(x_{i}^{t},y_{i}^{t})}\right]^{\frac{1}{2}}\\&=\frac{D_{i}^{t+1}(x_{i}^{t+1},y_{i}^{t+1})}{D_{i}^{t}(x_{i}^{t},y_{i}^{t})}\left[\frac{D_{i}^{t}(x_{i}^{t+1},y_{i}^{t+1})}{D_{i}^{t+1}(x_{i}^{t},y_{i}^{t})}\times\frac{D_{i}^{t}(x_{i}^{t},y_{i}^{t})}{D_{i}^{t+1}(x_{i}^{t+1},y_{i}^{t+1})}\right]^{\frac{1}{2}}\end{aligned} \tag{5-27}$$

其中，$\frac{D_{i}^{t+1}(x_{i}^{t+1},y_{i}^{t+1})}{D_{i}^{t}(x_{i}^{t},y_{i}^{t})}$ 代表技术进步，用 $Tech$ 来表示，若 $Tech>1$ ，此时生产前沿面向外移动，说明技术进步。而 $\left[\frac{D_{i}^{t}(x_{i}^{t+1},y_{i}^{t+1})}{D_{i}^{t+1}(x_{i}^{t},y_{i}^{t})}\times\frac{D_{i}^{t}(x_{i}^{t},y_{i}^{t})}{D_{i}^{t+1}(x_{i}^{t+1},y_{i}^{t+1})}\right]^{\frac{1}{2}}$ 代表技术效率，用 $Effch$ 来表示，若 $Effch>1$ ，此时被评价单元的生产更

接近生产前沿面，技术效率提高。即

$$M(x_i^t, y_i^t; x_i^{t+1}, y_i^{t+1}) = Tech \times Effch \tag{5-28}$$

这些指标都存在相同的性质：若值比1大，被评价单元的效率就比上一期更高，说明技术得到发展，水平得到提高。

四、实证分析及结果

样本数据为2012—2016年全国11个沿海省、自治区和直辖市相关指标的面板数据，具体包括天津市、河北省、辽宁省、上海市、江苏省、浙江省、福建省、山东省、广东省、广西壮族自治区和海南省。数据直接或间接来源于2012—2016年的《中国统计年鉴》《中国海洋统计年鉴》《新中国六十年统计资料汇编》《中国城市统计年鉴》《中国能源统计年鉴》及沿海各省统计年鉴等。其中，不变价海洋生产总值和资本存量的计算基期为1952年。

另外，孙欣(2010)在其关于省际节能减排效率的研究中指出，节能减排效率＝技术效率×技术进步，即省际节能减排效率的提升可以从2个角度来实现：一是技术效率角度，即通过完善管理制度、发布有关政策、改进组织结构等措施实现的进步；二是技术进步角度，即通过引进与研发先进技术等实现的进步。本节在借鉴该研究的基础上，基于DEA-Malmquist指数方法得到海洋节能减排效率，利用2012—2016年的面板数据，运用DEAP2.1软件计算出2012—2016年沿海各省(自治区、直辖市)的节能减排效率(Malmquist指数)，若得到的指数值小于1，则认为当期效率低于上期，反之则认为效率得到提高且处于前沿面。此外，进行分解计算得到技术效率和技术进步的变化情况，其数值大小和意义与节能减排效率保持一致，计算结果如表5-14所示。

表5-14 沿海各地区海洋节能减排效率(Malmquist指数)及其分解

年份	技术效率	技术进步	节能减排效率
2012	1.013	1.026	1.039
2013	1.012	1.033	1.046
2014	1.031	1.042	1.074
2015	1.003	1.043	1.046
2016	0.988	1.122	1.109
平均	1.009	1.053	1.063

表5-14显示，2012—2016年沿海地区海洋经济平均节能减排效率为1.063，说明海洋经济的节能减排效率有所提高，相关研究取得进展，各方面工作成效明显。从2012年开始，沿海各地区每年的节能减排效率均大于1，且在2015年短暂的下降后又继续呈上升趋势。从分解的角度来看，节能减排效率能够得到提高的一个重要因素是技术进步，因为2012—2016年技术进步均大于1，而技术效率出现过小于1的情形，且数值均低于技术进步。这与上一节的结论一致，都反映了海洋节能减排相关制度亟待制定，组织管理水平亟待提升。

另外，对海洋减排效率分地区进行测算以探讨地区间的差异，将结果绘制成表5-15。从大的区域层面来看，北方地区、华东地区和岭南地区在技术效率、技术进步和节能减排效率上整体差别不大，但浙江省所在的华东地区技术效率分值偏低，而技术进步分值较高。从省域层面来看，浙江省的技术进步值为1.104，仅落后于上海，位于全国第二，但浙江省的技术效率值恰好为1，低于全国平均水平。这反映了浙江省海洋节能减排管理能力不足，在今后的工作中，应将制定和完善海洋节能减排政策、管理制度作为工作重点，同时改善现有海洋产业的管理组织结构。

表5-15　2012—2016年沿海地区海洋节能减排效率

地区	技术效率	技术进步	节能减排效率
天津	0.971	1.063	1.032
河北	1.000	1.077	1.077
辽宁	1.039	0.987	1.025
山东	1.021	1.063	1.086
北方地区平均	1.008	1.048	1.055
上海	1.000	1.169	1.169
江苏	0.984	1.028	1.012
浙江	1.000	1.104	1.104
福建	1.031	0.999	1.031
华东地区平均	1.004	1.075	1.079
广东	1.025	1.061	1.088
广西	1.032	0.988	1.019
海南	1.000	1.053	1.053
岭南地区平均	1.019	1.034	1.053
总平均	1.009	1.053	1.062

参考文献

[1] 白福臣，贾宝林.广东海洋产业发展分析及结构优化对策[J].农业现代化研究，2009(4)：419-422.

[2] 陈可文.中国海洋经济学[M].北京：海洋出版社，2003.

[3] 陈万灵.关于海洋经济的理论界定[J].海洋开发与管理，1998(3)：30-34.

[4] 邓昭，郭建科，夏康，等.海洋产业吸纳就业的特征与差异分析[J].资源开发与市场，2017，33(4)：451-455.

[5] 都晓岩，韩立民.海洋经济学基本理论问题研究回顾与讨论[J].中国海洋大学学报(社会科学版)，2016(5)：9-16.

[6] 付一新.各国海洋产业界定与海洋经济发展统计比较[J].经济视角，2011(8)：144.

[7] 何广顺，王晓惠.海洋及相关产业分类研究[J].海洋科学进展，2006(3)：365-370.

[8] 干春晖，郑若谷，余典范.中国产业结构变迁对经济增长和波动的影响[J].经济研究，2011(5)：4-16.

[9] 苟露峰，高强.山东省海洋产业结构演进过程与机理探究[J].山东财经大学学报，2016，28(6)：43-50.

[10] 韩立民，都晓岩.海洋产业布局若干理论问题的初步研究[J].中国海洋经济评论，2007(1)：1-4.

[11] 何宏权，程福祜.略论海洋开发和海洋经济理论的研究[M]//张海峰.中国海洋经济研究 2.北京：海洋出版社，1984：24-34.

[12] 黄昶生，姜顺腾，郭同珍.青岛市海洋产业结构优化及对策研究[J].甘

肃科学学报,2019,31(1):146-152.
[13] 黄渝祥,杨宗跃,邵颖红.灾害间接经济损失的计量[J].灾害学,1994(3):7-11.
[14] 何翔舟.我国海洋经济研究的几个问题[J].海洋科学,2002(1):71-72.
[15] 霍增辉,张玫.基于熵值法的浙江省海洋产业竞争力评价研究[J].华东经济管理,2013,27(12):10-13.
[16] 姜旭朝,张继华.中国海洋经济历史研究:近三十年学术史回顾与评价[J].中国海洋大学学报(社会科学版),2012(5):1-8.
[17] 李彬,戴桂林,赵中华.我国海洋新兴产业发展预测研究:基于灰色预测模型 GM(1,1)[J].中国渔业经济,2012,30(4):97-103.
[18] 刘锴,杜文霞,郭琳.基于 SSM 法的辽宁海洋产业结构优化研究[J].资源开发与市场,2014,30(9):1103-1105.
[19] 刘锴,宋婷婷.辽宁省海洋产业结构特征与优化分析[J].生态经济,2017,33(11):82-87.
[20] 李帅帅,范郢,沈体雁.我国海洋经济增长的动力机制研究:基于省际面板数据的空间杜宾模型[J].地域研究与开发,2018,37(6):1-5.
[21] 罗斯托,进文.经济史学家对现代历史发展的观点:上[J].国外社会科学文摘,1960(2):1-6.
[22] 李显显.中国沿海地区海洋科技与海洋产业耦合协调发展研究[J].海洋经济,2017,7(1):30-38.
[23] 李选积,钟方杰.浅谈广西钦州海洋渔业经济转型经验[J].农业与技术,2020,40(8):126-128.
[24] 梁金浩.中国海洋渔业可持续发展研究[J].中小企业管理与科技,2020(14):56-57.
[25] 纪燕新,熊艺媛,麻荣永.风暴潮灾害损失评估的模糊综合方法[J].广西水利水电,2007(2):16-19.
[26] 马学广,张翼飞.海洋产业结构变动对海洋经济增长影响的时空差异研究[J].区域经济评论,2017(5):94-102.
[27] 宁凌,胡婷,滕达.中国海洋产业结构演变趋势及升级对策研究[J].经济问题探索,2013(7):67-75.
[28] 宁凌,李乐.我国海洋产业结构与就业效应实证研究:基于动态面板 GMM 估计分析[J].生态经济,2019,35(1):43-47.

[29] 彭冲,李春风,李玉双.产业结构变迁对经济波动的动态影响研究[J].产业经济研究,2013(3):91-100.

[30] 乔翔.中西方海洋经济理论研究的比较分析[J].中州学刊,2007(6):38-41.

[31] 权锡鉴.海洋经济学初探[J].东岳论丛,1986(4):20-25.

[32] 谌迎春.产业集群理论综述[J].广东科技,2010,19(4):16-17.

[33] 苏为华,张崇辉,李伟.中国海洋经济综合发展水平的统计测度[J].统计与信息论坛,2014,29(10):19-23.

[34] 孙斌,徐质斌.海洋经济学[M].青岛:青岛出版社,2000.

[35] 孙欣.省际节能减排效率变动及收敛性研究:基于 Malmquist 指数[J].统计与信息论坛,2010,25(6):101-107.

[36] 孙中山.建国方略[M].北京:中华书局,2011.

[37] 王波,韩立民.中国海洋产业结构变动对海洋经济增长的影响:基于沿海 11 省市的面板门槛效应回归分析[J].资源科学,2017,39(6):1182-1193.

[38] 王波,倪国江,韩立民.产业结构演进对海洋渔业经济波动的影响[J].资源科学,2019,41(2):289-300.

[39] 王波,翟璐,韩立民,等.产业结构调整、海域空间资源变动与海洋渔业经济增长[J].统计与决策,2020,36(17):96-100.

[40] 王晶,韩增林.环渤海地区海洋产业结构优化分析[J].资源开发与市场,2010,26(12):1093-1097.

[41] 王琪,张德贤,孙吉亭.海洋资源可持续开发利用初探[J].中国人口·资源与环境,2000(A2):26-28.

[42] 伍世代,王强.中国东南沿海区域经济差异及经济增长因素分析[J].地理学报,2008,63(2):123-134.

[43] 吴云通.基于产业视角的中国海洋经济研究[D].北京:中国社会科学院研究生院,2016.

[44] 徐嵩龄.灾害经济损失概念及产业关联型间接经济损失计量[J].自然灾害学报,1998(4):7-15.

[45] 徐烜.中国海洋产业结构演进与趋势判断[J].中国国土资源经济,2019,32(12):31-38.

[46] 徐质斌.海洋经济与海洋经济科学[J].海洋科学,1995(2):21-23.

[47] 徐质斌,牛福增.海洋经济学教程[M].北京:经济科学出版社,2003.
[48] 闫芳芳,平瑛.消费需求结构与产业结构关系的实证研究:以中国渔业为例[J].中国农学通报,2013,29(17):57-61.
[49] 闫莹,江书平,李维国.京津冀协同发展背景下渔业产业结构升级与路径选择:以河北省海洋渔业产业经济为例[J].河北农业大学学报(农林教育版),2016,18(2):26-29.
[50] 杨林,苏昕.产业生态学视角下海洋渔业产业结构优化升级的目标与实施路径研究[J].农业经济问题,2010,31(10):99-105.
[51] 于庆东,沈荣芳.灾害经济损失评估理论与方法探讨[J].灾害学,1996(2):10-14.
[52] 杨金森.建立合理的海洋经济结构[J].海洋开发与管理,1984(1):22-26.
[53] 杨卫,严棉.渔业结构调整对渔民收入的地区性影响[J].江苏农业科学,2018,46(21):324-328.
[54] 殷克东,马景灏.中国海洋经济波动监测预警技术研究[J].统计与决策,2010(21):43-46.
[55] 于谨凯,李宝星.中国海洋产业可持续发展:基于主流产业经济学视角的分析[J].中国海洋经济评论,2008(1):136-166.
[56] 于谨凯,赵晓明.基于可拓物元模型的中国海洋渔业安全评价及预警机制研究[J].海洋经济,2013,3(6):8-16.
[57] 杨阳,王玉良,高伟明.河北省陆域经济发展与海洋环境耦合关系研究[J].生态科学,2015,34(3):146-152.
[58] 张丹.基于灰色模型的辽宁省海洋经济关联度分析[J].资源开发与市场,2011,27(8):705-708.
[59] 张静,韩立民.试论海洋产业结构的演进规律[J].中国海洋大学学报(社会科学版),2006(6):1-3.
[60] 张军,吴桂英,张吉鹏.中国省际物质资本存量估算:1952—2000[J].经济研究,2004(10):35-44.
[61] 张晋青,张耀光.灰色关联度模型在海洋产业分析中的应用:以辽宁省为例[J].资源开发与市场,2010,26(2):125-128.
[62] 翟璐,孙兆群,王波,等.基于灰色预测模型的我国海洋渔业发展趋势研究[J].江苏农业科学,2019,47(13):342-346.

[63] 张玫.辽浙广三省海洋产业结构变动及影响因素对比评析[J].农村经济与科技,2013,24(11):182-183.

[64] 张鹏,李宁,刘雪琴,等.基于投入产出模型的洪涝灾害间接经济损失定量分析[J].北京师范大学学报(自然科学版),2012(4):425-431.

[65] 张群.产业生态化视角下福建省渔业产业结构优化与渔业经济发展的耦合分析[J].山西农经,2019(6):10-13.

[66] 张耀光,崔立军.辽宁区域海洋经济发展的资源基础研究[J].辽宁师范大学学报(自然科学版),2001(3):308-313.

[67] 翟仁祥,许祝华.江苏省海洋产业结构分析及优化对策研究[J].淮海工学院学报(自然科学版),2010,19(1):88-91.

[68] 张晓,白福臣.广东省海洋资源环境系统与海洋经济系统耦合关系研究[J].生态经济,2018(9):75-80.

[69] GARRAD A. The lessons learned from the development of the wind energy industry that might be applied to marine industry renewables [J]. Philosophical transactions: mathematical, physical and engineering sciences, 2012, 370(1959):451-471.

[70] DE BONI A, ROMA R, PALMISANO G O. Fishery policy in the European Union: a multiple criteria approach for assessing sustainable management of Coastal Development Plans in Southern Italy[J]. Ocean and coastal management,2018,163:11-21.

[71] COLGAN C S, BAKERC. A framework for assessing cluster development[J]. Economic development quarterly, 2003, 17(4): 352-366.

[72] PAULY D. A vision for marine fisheries in a global blue economy[J]. Marine policy,2018,87:371-374.

[73] CAVES D W, CHRISTENSEN L R, DIEWERT W E. Multilateral comparisons of output, input, and productivity using superlative index numbers[J]. The economic journal. 1982, 92(365):73-86.

[74] PETERSENE H. Economic policy, institutions and fisheries development in the Pacific[J]. Marine policy, 2002, 26(5):315-324.

[75] ENGLE R F, GRANGER C W J, KRAFT D. Combining competing forecasts of inflation using a bivariate arch model[J]. Journal of

economic dynamics and control, 1984, 8(2):151-165.

[76] BENITO G, BERGER E, FOREST M, et al. A cluster analysis of the maritime sector in Norway[J]. International journal of transport management,2003,1(4):203-215.

[77] GIULIO P, MAURICE W, RONALD A, et al. Contribution of the ocean sector to the United States economy[J]. Science, 1980, 208 (4447):1000-1006.

[78] HERRERA G E, HOAGLAND P. Commercial whaling, tourism, and boycotts: an economic perspective[J]. Marine policy, 2004, 30 (3):261-269.

[79] HOTELLING H. Analysis of a complex of statistical variables into principal components[J]. Journal of educational psychology,1933,24 (6):417-441.

[80] LUCAS J M , CROSIER R B. Robust cusum: a robustness study for cusum quality control schemes [J]. communications in statistics: theory and methods, 1982, 11(23):2669-2687.

[81] WARNKEN J, MOSADEGHI R. Challenges of implementing integrated coastal zone management into local planning policies, a case study of Queensland, Australia[J]. Marine policy,2018,91(5):75-84.

[82] JUAN C, SURÍS-REGUEIRO, GARZA-GILM D, et al. Marine economy: A proposal for its definition in the European Union[J]. Marine policy, 2013, 42:111-124.

[83] NIELSEN J R, VEDSMAND T. Fishermen's organisations in fisheries management—perspectives for fisheries co-management based on Danish fisheries [J]. Marine policy, 1997, 21(3):277-288.

[84] SANTIAGO J L, SURÍS-REGUEIRO J C. An applied method for assessing socioeconomic impacts of European fisheries quota-based management[J]. Fisheries research,2018,206:150-162.

[85] SCHITTONE J. Tourism vs. commercial fishers fishers[J]. Ocean and coastal management,2001,44(1):15-37.

[86] KILDOW J T, MCILGORM A. The importance of estimating the contribution of the oceans to national economies[J]. Marine policy,

2010(3):367-374.
[87] MORRISSEY K. Using secondary data to examine economic trends in a subset of sectors in the English marine economy: 2003-2011[J]. Marine policy, 2014, 50:135-141.
[88] MORRISSEY K, DONOGHUE C. The Irish marine economy and regional development[J]. Marine policy, 2012, 32(2):358-364.
[89] KENNETH W. Economic study of Canada's marine and ocean industries[M]. Ottawa: Industry Canada and National Research Council Canada,2005.
[90] BOULDING K E. The economics of knowledge and the knowledge of economics[J]. The american economic review,1966,56(1/2):1-13.
[91] TEH L C L, SUMAILA U R. Contribution of marine fisheries to worldwide employment[J]. Fish and fisheries,2013,14(1):77-88.
[92] LUGER M I. The economic value of the coastal zone[J]. Journal of environmental system,1991,21(4):279-301.
[93] KOSTRIKOVA N A, YAFASOV A Y. Intellectual organization in the new model of the Russian marine industry development[J]. TransNav: international journal on marine navigation and safety of sea transportation,2014,8(2):267-272.
[94] MA R Y, PU J. An empirical study on the interaction between finance and marine economy in China[J]. Journal of coastal research,2020, 115(1):145-147.
[95] MEE L. Prospering in the storm: securing a better outlook for UK marine industry[J]. Underwater technology,2012, 31(1):1-2.
[96] PENEDER M. Industrial structure and aggregate growth[J]. Structural change and economic dynamics,2003 (4):427-448.
[97] PARKER D J, GREEN C H, THOMPSON P M. Urban flood protection benefits, a project appraisal guide[M]. Brookfield:Gower Technical Press,1987.
[98] POTGIETER T. Oceans economy, blue economy, and security: notes on the South African potential and developments[J]. Journal of the indian ocean regions, 2018, 14(1):49-70.

[99] KULLBACK S, LEIBLER R A. On information and sufficiency[J]. Annals of mathematical statistics, 1951, 22(1):79-86.

[100] CHETTY S, PATTERSON A. Developing internationalization capability through industry groups: the experience of a telecommunications joint action group [J]. Journal of strategic marketing,2002, 10(1):69-89.

[101] WANG L. Empirical analysis of the impact of industrial structure adjustment on marine economy [J]. Journal of coastal research, 2020, 110(sp1):57-59.

[102] XING L, QI C. Analysis on green dynamic ability of creating resources and eco-innovation performance of marine industrial clusters[J]. Journal of coastal research, 2019, 94(sp1):6-10.

[103] YANG L J, WANG P, CAO L L, et al. Studies on charges for sea area utilization management and its effect on the sustainable development of marine economy in Guangdong Province, China[J]. Sustainability, 2016, 8(2):116.

[104] ZAREBSKA J, ZABINSKA I, ZAREBSKI A. Eco-innovations in Poland—the extent of changes, development and barriers [J]. Scientific papers of silesian university of technology, 2019, 135:245-256.

[105] ZHANG D L, FAN W L, CHEN J S. Technological innovation, regional heterogeneity and marine economic development—analysis of empirical data based on China's coastal provinces and cities [J]. Journal of systems science and information,2019, 7(5):437-451.

[106] THOMPSON P M, WIGG A H, PARKER D J. Urban flood protection post-project appraisal in England and Wales[J]. Project appraisal, 1991,6(2):84-92.

[107] BROOKSHIRE D S, CHANG S E, COCHRANE H, et al. Direct and indirect economic losses from earthquake damage[J]. Earthquake spectra, 1997, 13(4):683-701.